KB273435

외동아이는
거리두기 육아가
필요합니다

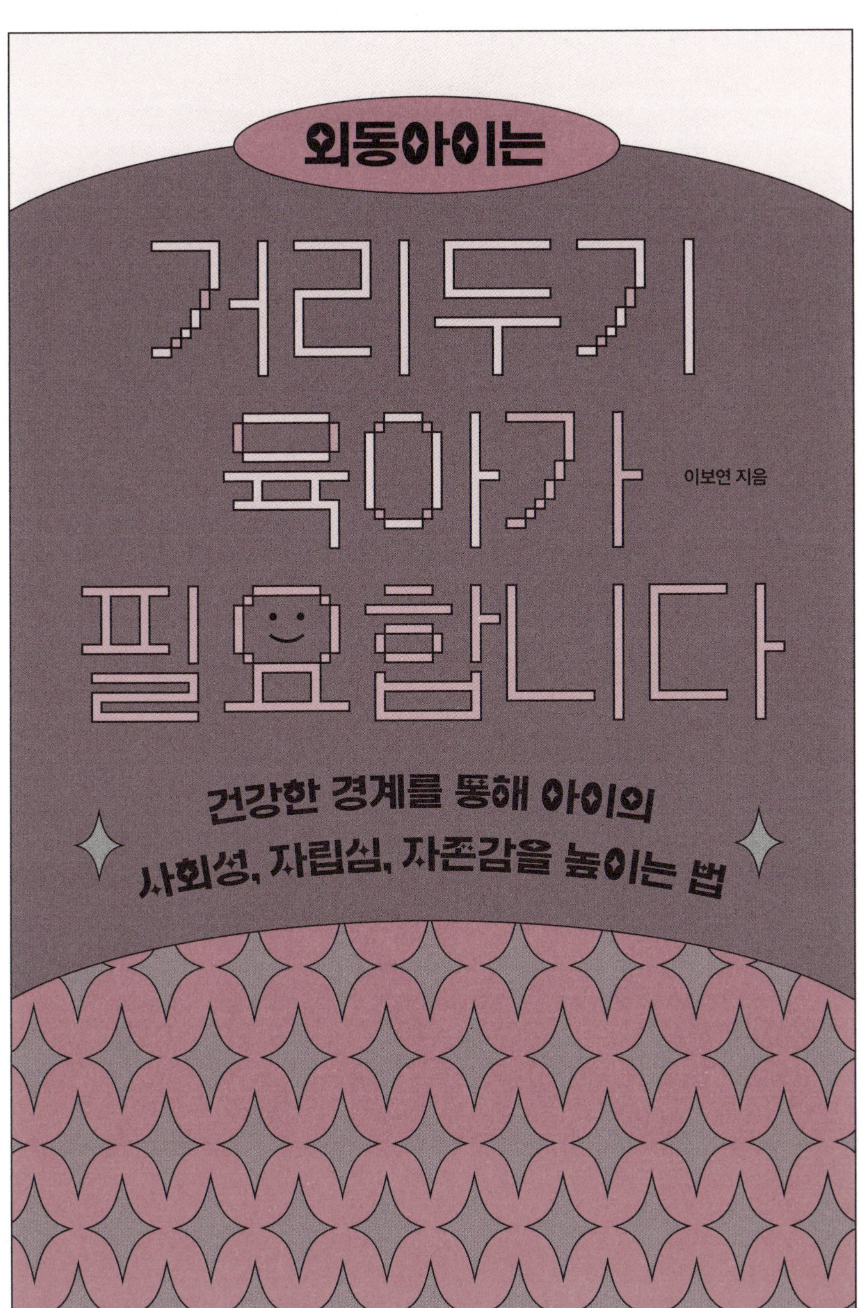

외동아이는
거리두기 육아가
필요합니다
이보연 지음
건강한 경계를 통해 아이의
사회성, 자립심, 자존감을 높이는 법
위즈덤하우스

● Part 2 ●

혼자서도 잘 성장하는 외동아이로 키우는 법

● Part 3 ●

부모 자식 간의 건강한 경계

● Part 4 ●
연령대별 사회성 키우기 가이드

CHAPTER 1
세상과의 첫 만남: 0~18개월

CHAPTER 2
또래와의 관계 형성기: 19개월~7세(만 5세)

● Part 5 ●

외동 부모를 위한 마음 공부

- -

외동아이를 키우는 부모에게

나는 딸 하나를 둔 외동아이 엄마이다. 정작 나는 5남매 중 막내로 늘 북적북적한 집안에서 자랐다. 언니들은 나의 놀이 상대이자 든든한 지원자로서 언니들이 없는 어린 시절은 상상도 할 수 없지만, 나는 아이를 하나만 갖기로 결정했고, 그 선택에 따라 외동아이 엄마가 되었다. '둘만 낳아 잘 기르자!', '둘도 많다!'라는 산아제한 포스터가 사방에 붙어 있던 시대를 살았던 나는 자식이 많은 우리 집이 살짝 창피했다. 유난히 예민하고 불안했던 나는 엄마의 돌봄을 끊임없이 요구했지만 엄마를 독차지하는 것은 힘든 일이었다. 맨 위에 큰오빠가 있고 줄줄이 딸 넷인 탓에 늘 언니들 옷을 물려 입어야 하는 것도 싫었다. 방 하나를 딸 넷이 써야 했고, 무엇 하나 내 것이라 할 만한 게 없는 것도 영마땅치 않았다. 가끔 소설이나 영화에서 보는 외동아이의 모습에 부러움을 느끼며 외동아이가 되어 보는 상상을 하기도 했는데, 아마도 그때부터였던 것 같다. 이다음에 결혼을 하게 되면 아이는 하나만 가질 것이라는 결심을 하게 된 것이. 결혼을 하고 나니 현실적인 문제가 외동아이에 대한 결심을 더욱 굳히게 했다. 맞벌이에, 경제적으로는 불안정하고 돌봐줄 사람이 주변에 없으니 아이를 여럿 낳는 것은 엄두도 나지 않았다. "그래, 하나만 낳아서 잘 키우자!" 그렇게 다짐한 우리 부부는 외동아이 부모가 되었다.

내가 아는 외동아이 부모들의 상당수는 나처럼 스스로 외동아이 부모가 되기를 선택한 사람들이다. 물론 외동아이 부모가 된 것이 자발적인 선택이 아닌 경우도 있다. 불임과 난임으로 인해 아이를 더 갖는 것이 어려운 사람들도 있고, 동생을 낳고 싶지만 아무리 노력해도 아이가 생기지 않는 부모에게 외동아이는 선택이 아닌 운명이다. 이런 경우를 제외하고는 외동아이를 둔 가정은 부모가 '한 아이로 끝내기'를 선택했을 것이다. 이러한 선택을 하게 된 이유는 다양하다. 먼저 경제적인 이유를 생각할 수 있다. 육아에 드는 비용은 점점 더 많아지고 있고, 아이에게 필요한 지원을 제때 해주지 못할 것에 대한 염려가 컸을 것이다. 또 잦은 임신과 출산으로 인한 경력 단절에 대한 우려 때문에, 혹은 아이를 돌보는 것에 대한 어려움과 믿을 만한 대리양육자나 기관을 찾지 못해서 외동아이 부모를 선택하기도 한다. 이외에도 한 아이에게 관심과 애정을 집중해주고 싶어서, 아이가 여럿일 경우 육아를 감당하지 못할 것 같아서 외동아이를 선택한 경우도 있다. 혼인 연령이 높아지면서 부모가 되는 시기도 늦어지고 있다. 이에 자녀를 많이 갖는 것에 대한 부담이 늘어난 것도 외동아이 선택의 이유가 될 수 있다. 그리고 드물긴 하지만 미래에 대한 암울한 전망 때문에 자녀를 갖지 않거나 하나만 낳기로 결심하는 사람들도 있다. 환경오염이나 인공지능의 등장으로 인한 인간문명의 붕괴 등으로 아이들이 살아갈 세상이 결코 밝지 않다고 생각하는 경우가 그렇다.

이렇듯 제각각 이유는 다르겠지만 '한 아이로 끝내기'를 선택한 가정은 꾸준히 증가하고 있다. 통계를 보면 18세 이하의 자녀를 둔 가정에서 외동아이의 비율이 2017년에는 39.4%, 2021년은 40.9%, 2022년에는 42.4%로 증가 추세에 있으며, 5세 이하 자녀의 경우에 외동아이는 49.3%(2022년)에 이른다. 이러한 외동아이 가정의 증가는 비단 우리나라에서만 일어나는 일이 아니라 세계적인 추세이다. 유럽연합에서 아이가 있는 가정 중 외동아이를 둔 가정이 49%로 가장 많으며, 캐나다에서도 외동아이 가정은 2001년 37%에서 2021년 45%로 늘어났다.

이렇게 외동아이를 선택한 가정이 늘어나고 가족 구조의 표준이 되어가고 있지만, 여전히 많은 외동아이를 둔 부모들의 마음은 편치 않다. 아직도 우리 사회에 만연한 외동아이에 대한 편견은 부모에게 '과연 나의 선택이 옳은 것이었나?'라는 의구심을 가지게 하며, 외동아이 육아에 대한 불안을 키운다. '아빠, 혼자는 싫어요. 엄마! 저도 동생을 갖고 싶어요', '하나보단 둘, 둘보단 셋이 행복합니다', '하나의 촛불보단 여러 개의 촛불이 더 밝습니다'와 같은 출산장려 캠페인을 듣고 있자면, 아이를 하나만 낳은 것이 아이에게 못 할 짓을 한 것 같은 죄책감마저 든다. 하지만 불안만큼 육아를 방해하는 것도 없다. 하나만 낳아 잘 키우려는 부모의 결심이 불안으로 인해 흔들리거나 좌절되지 않아야 한다.

이 책은 앞으로 외동아이 부모가 될 것을 선택했거나 이미 선택해 외동아이를 키우는 부모님들이 불필요한 불안감과 죄책감을 버리고 외동아이를 키우는 장점들을 누릴 수 있기를 바라는 마음으로 시작하게 되었다. 부디 이 책을 통해 외동아이든 형제자매를 키우든 육아에 있어서 가장 중요한 것은 부모의 사랑과 지지임을 다시 깨닫고, 육아의 행복감과 자신감을 얻게 되길 소망해본다.

외동아이 심층 탐구

쇼핑몰에서 있었던 일이다. 대여섯 살쯤으로 보이는 사내아이가 엄마를 노려보며, "그렇게 말하지 말라 그랬지! 하지 말라고!"라며 소리를 쳤다. 양손을 허리에 걸치고 한쪽 발로는 바닥을 쾅쾅 내리치며 온몸으로 '나, 지금 화났어!'를 외치고 있는 듯했다. 조그만 아이가 엄마를 마치 아랫사람 부리듯 하는 모습에 지나가는 사람들도 힐끔힐끔 쳐다보았다. 그때 내 옆을 지나가는 아저씨가 혼잣말

로 중얼거렸다. "쯧쯧, 외동인가 보네. 너무 오냐오냐 다 받아줘서 버릇이 없구만." 그 아이가 외동인지 아닌지 알 길은 없었지만, 그 말을 들은 몇몇 사람들이 수긍하듯 고개를 끄덕였다. '버릇없는 아이=외동아이'라는 공식이 형성되는 순간이었다.

우리는 이처럼 외동아이의 특정한 이미지와 특성을 떠올리며 외동아이에 대한 고정관념을 가지고 있다. 불행히도 그 고정관념 중 상당수는 긍정적인 것보다 부정적인 것들, 어쩌면 왜곡된 관념들이 많다. 이 때문에 외동아이 부모는 더욱더 불안한 마음으로 육아를 하게 된다. 하지만 외동아이에 대한 이러한 고정관념들을 곧이곧대로 믿으면 안 된다. 그중에 우리가 주의하여 참고해야 할 것들도 있지만, 어떤 것들은 근거 없는 "~카더라" 식의 유언비어일 뿐이다. 외동아이를 잘 키우기 위해서는 외동아이에 대해 올바르게 이해하는 것이 필요하다. 외동아이의 성격 형성에 영향을 미치는 것이 무엇인지, 외동아이들은 어떤 경험을 하며 성장하는지, 그리고 환경과 부모의 양육 태도가 외동아이의 성장 과정에 어떤 영향을 미치는지를 이해할 때 우리는 불필요한 불안감에 사로잡힐 일 없이 외동아이의 건강한 성장 발달을 위한 육아를 할 수 있다.

외동아이는 ○○이다

**"외동이라서 저래!"라는 생각,
해본 적 있나요?**

나는 딸아이를 키우면서 "둘째 가지셔야죠?"; "둘째는 언제 낳을 거야?"라는 말을 주변 사람들로부터 수없이 들어야만 했다. "외동은 너무 외롭잖아!"; "엄마 아빠가 죽으면 외동아이는 고아가 되는 건데……"; "외동아이들은 혼자 자라서 버릇이 없어!"; "자기만 알아! 이기적이지"; "사회성에 문제가 많아!"와 같은 말에는 살짝 마음이 흔들리고 불안감을 느꼈다고 인정할 수밖에 없을 것 같다. '나 때문에 우리 아이가 성격 이상자가 되는 건 아닐까? 내가 아이를 외롭게 하고 불행하게 만드는 건가?'라는 생각에 죄책감마저 들 때도 있었으니까.

그런데 과연 진짜 그럴까? 외동아이는 버릇없고 외로움에 시달리며 이기적이고 사회적으로 문제가 있는 존재로 성장할까? 이것이 외동아이의 전형적인 발달이며 성격적 특성일까?

외동아이는
사회성이 부족할까

내가 외동아이를 키우면서 무수히 들었던 말은 "외동아이는 버릇없고 이기적이며 사회성에 문제가 있어"라는 말이다. 많은 사람들의 외동아이에 대한 고정관념을 일컬어 '외동아이 증후군 only child syndrome'이라고 한다. 외동아이 증후군은 우리나라뿐 아니라 전 세계적으로 폭넓게 확산되어 있는 인식으로 외동아이를 둔 세계의 모든 부모들을 불편하게 만들고 있다. 그러나 이러한 외동아이에 대한 나쁜 평판이 예전부터 존재했던 것은 아니다. 외동아이 증후군은 19세기부터 등장한 개념으로 아동심리학 분야의 선구자로 일컬어지며 미국 심리학회의 초대회장을 지낸 그

랜빌 스탠리 홀G. Stanley Hall, 그리고 또 다른 심리학자인 유진 보하넌E.W.Bohannon의 기여가 크다. 홀은 외동아이를 '버릇없고, 이기적이며 부적응적이고 대장처럼 굴며 반사회적이고 외로움을 많이 느끼는' 존재로 기술했다. 심지어 홀은 외동아이 그 자체가 질병이라고 언급하기까지 했다. 보하넌은 19세기 말 200명을 대상으로 진행한 조사에서 외동아이를 '버릇없고 과도하게 예민한' 존재로 규정했다. 스탠리 홀과 유진 보하넌은 그 당시에는 획기적인 연구법으로 알려진 질문지와 설문조사를 바탕으로 외동아이는 "특이하며 형제자매를 가진 아이들에 비해 불이익이 많다"고 주장했다. 외동아이가 '버릇없는' 이유는 외동아이가 무엇을 하든 부모가 다 받아주고 형제자매가 있는 가정처럼 부모의 관심을 나눌 필요 없이 독점할 수 있기 때문이라고 했다. 그로 인해 자신과 자신의 욕구에만 관심을 갖는 이기적인 성인으로 성장하게 된다고 보았다. 또한 형제자매와 상호 작용할 기회가 없기 때문에 외로움을 많이 타고 반사회적 성향을 발달시키게 될 것이며, 이는 성인기까지 이어져 동료들과 잘 어울리지 못하고 비판에 과민하게 반응하는 등 나이가 들어도 빈약한 사회성 기술을 나타낸다고 주장했다.

현재 이들의 주장은 심리학자들에 의해 많은 비판을 받고 있는데, 가장 큰 이유로는 연구법 자체가 매우 부정확하고 결함이 많아 과학적 연구로 볼 수 없다는 것이다. 최근에 이루어진 대부분의 연구에서는 외동아이 증후군에서 묘사하는 외동아이 특성은 부정확하며 과장되었다는 데 의견을 같이 하며 외동아이 증후군이 실재한다는 근거는 찾아보기 어렵다고 말한다. 오히려 외동아이라서 갖는 장점에 대해 주목하는 연구들도 늘어나고 있다.

토니 팔보Toni Falbo와 데니즈 폴리트Denise Polit는 40여 년간 외동아이 연구에 매진해온 외동아이 연구의 권위자로 유명하다. 그들은 외동아이에 대한 연구 문헌들을 종합 분석해 흥미로운 연구 결과를 내놓았다. 1986년 외동아이의 성격 발달에 관한 141개의 연구를 분석한 결과, 외동아이가 형제자매가 있는 가정의 아이들보다 더 큰 부적응 문제를 보인다는 어떠한 증거도 발견하지 못했다고 했다. 외동아이와 형제자매가 있는 아이들과의 사이에서 발견한 유일한 차이는 성취동기로, 외동아이의 성취동기가 형제자매가 있는 아이들보다 더 높았다.

1987년에는 115개의 외동아이 연구들을 취합해 성격, 지능, 적응성, 또래 관계에서 외동아이와 형제자매가 있는 아이들 간의 차이를 분석했는데, 외동아이는 모든 영역에서 다른 아이들을 능가한 결과를 나타냈다. 다만 예외로 첫째아이는 외동아이와 비슷한 결과를 보였는데, 이는 첫째아이와 외동아이가 유사한 점이 많기 때문으로 해석했다. 부모-자녀 관계 면에서는 외동아이가 형제자매가 있는 아이들보다 훨씬 좋았는데, 이러한 긍정적인 부모-자녀 관계가 발달에 좋은 영향으로 작용했을 가능성이 높다. 마이클 더프너Michael Dufner와 그의 동료들에 의해서 행해진 연구(2019)에서도 외동아이라는 특성이 성격 발달에 의미 있는 영향을 미친다고 보기는 어렵다고 결론 내렸다. 연구자들은 사람들이 외동아이가 형제자매가 있는 아이들에 비해 이타심이 적다고 생각하지만, 이 두 집단 간의 이타심의 차이는 발견되지 않았다고 한다. 이처럼 외동아이에 대한 심층적인 연구들은 우리가 외동아이의 전형이라고 생각하는 모습들이 사실이 아닌 편견에 가까움을 지적하고 있으며, 외동아이는 형제자매가 있는 아이들과 다른 점도 있지만 비슷한 점이 더 많다는 것을 보여준다.

성격을 형성하는
여러 가지 요인

아이들의 성격을 형성하는 데는 다양한 요인들이 영향을 미친다. 예를 들어, 수줍음이나 대범함은 형제자매의 유무와는 상관이 없는 기질적 특성이다. 형제자매가 많은 가정에서 자라도 유난히 숫기가 없는 아이들이 있으며, 외동아이여도 붙임성이 좋고 친구를 잘 사귀는 아이들이 있다. 이런 차이는 기질에서 비롯되는 경우가 많다. 아이들의 성장 발달에 미치는 환경적 요인도 절대 무시할 수 없다. 부모의 양육 태도에 따라 의젓한 외동아이로 성장하거나 무례하고 버릇없는 5남매가 될 수도 있다. 솔직히 말해 형제자매가 있는 가정에서 자랐지만 매우 이기적이고 얄

믿게 행동하는 사람들을 알고 있지 않은가! 오직 하나뿐인 유일한 아이라는 것이 부모의 양육 태도에 영향을 미칠 수는 있지만 순전히 '외동아이'라서 아이가 잘못 성장한다는 것은 틀린 말이다. 외동아이를 키운 엄마로서, 그리고 수많은 아이들을 상담한 아동상담가로서의 경험을 통해 한 아이의 성격이 형성되고 발달하는 과정은 형제자매 유무보다 아이의 타고난 기질과 아이를 둘러싼 환경 그리고 이러한 기질과 조화를 이루는 현명하고 자애로운 양육과 아이에게 도움이 되는 환경을 구성하려는 부모와 주변 사람들의 노력에 있음을 잘 알고 있다.

외동아이, 첫째아이, 둘째아이, 막내 등 각각의 아이들은 자기 나름의 개성을 갖고 있는 존재이다. 이들의 개성을 잘 살피고 욕구를 이해하며, 형제 서열에 따른 장점과 약점, 그리고 이들을 대하는 부모의 태도를 점검하여 이에 맞는 양육 태도를 익히고 실천하면 된다. 이렇게만 하면 모든 아이들은 충분히 멋지게 잘 자랄 수 있다.

수많은 연구를 통해 단지 외동이기 때문에 특이하고 반사회적인 성격을 발달시킨다는 외동아이 증후군은 실체가 없는 것으로 판명되었음에도, 여전히 우리 사회에는 외동아이에 대한 편견에서 비롯된 고정관념이 존재한다. 우리는 사람들을 몇 가지 범주 안에 묶어놓고 규정짓고 우열을 가리는 것을 좋아하는 듯하다. 예를 들어, 예민하고 조심성이 많은 사람들을 보면 "너 A형이지?"라든지, "아, O형이어서 성격이 좋구나!"라며 혈액형으로 사람의 성격을 구분하고 평가한다. 하지만 혈액형과 성격과는 상관관계가 없다. 대한혈액학회 자료에 따르면 혈액형과 성격이 밀접한 관계가 있다고 생각하는 나라는 우리나라와 일본뿐이라고 한다. 혈액형 항원은 유전자에 의해 결정되지만, 그 유전자가 인간의 성격을 부여하는 것은 아니며 성격은 기질과 같은 선천적 특성에 환경과 교육과 같은 후천적 경험이 쌓여 형성되는 것이다.

요즘은 혈액형을 제치고 MBTI가 인기다. MBTI는 매우 흥미롭고 매력적인 검사이지만 한계점 역시 분명하다. 우선 자기보고식 검사가 갖는 문제가 있는데, 스스로 자신을 평가하는 것이어서 객관성이 결여되어 있을 가능성이 높다. 또한 MBTI가 사람의 성격을 분류할 때 사용하는 기준이 너무 이분법적이라는 문제도 있다. 이러한 심각한 한계에도 불구하고 여전히 많은 사람들이 MBTI의 16가지 성격유형 중의 하나로 자신을 규정하려는 성급한 일반화의 오류를 저지르고 있다. 그리고 이러한 성급한 일반화는 외동아이에 대한 인식에도 나타난다.

외동아이에 대한
고정관념의 오류

나르시시즘에 대해 주로 연구해온 심리학자인 마이클 더프너Michael Duffner는 아직도 많은 사람들이 외동아이에 대해 이기적이라거나 자기애가 강하다는 부정적인 인식을 많이 갖고 있다고 강조한다. 그의 연구에 따르면 형제자매가 있는 아이들은 외동아이를 자신들과 다른 별개의 사회적 집단으로 보며 부정적으로 평가하는 경향이 있는데, 이 생각이 또래들 사이에서 외동아이를 다른 아이들과 구별짓는 결과로 이어진다고 보았다. 하지만 외동아이가 형제자매가 있는 아이들보다 더 자기애가 강하다는 어떠한 증거도 발견하지 못했기 때문에 이런 단정적인 시선은 매우 부당하다고 주장했다.

"외동이라서 저래"라는 생각은 비단 또래나 주변 사람들만 갖는 게 아니라 외동아이 자신들에게도 영향을 미친다. 외동아이들이 스스로를 어떻게 이해하고 느끼는지를 연구한 버니스 소렌슨Bernice Sorensen에 따르면 외동아이들은 성장하면서 외동아이라는 존재에 대해 더 많이 인식하게 되며 외동아이에 대한 사회의 전형적인 고정관념에 큰 영향을 받는다고 한다.

이처럼 외동아이에 대한 잘못된 고정관념은 외동아이 스스로 자신에 대한 부정적인 자기개념을 형성하게 하고 주변 사람들에게 부당한 취급을 받게 만든다. 고정관념을 갖고 있을 때 우리는 주변에서 일어나는 일들을 고정관념에 끼워 맞추려는 성향이 있다. 외동아이가 얌전히 있을 땐 별 반응을 하지 않다가도 떼를 부리면 "외동이라 다 받아줘서 그래"라고 말하는 식이다. 누구든 버릇없고 이기적일 수 있는데, 외동아이의 경우에는 그렇게 행동하게 된 이유를 외동이기 때문이라고 쉽게 단정짓는다. 이런 취급을 자주 당하게 되면 외동아이는 주변 사람들이 자신을 보는 것처럼 스스로를 부정적으로 평가하게 된다. 그러니 이제 "외동이라서~"라는 말은 하지 말자. 특히 이런 낙인찍기는 절대 금물이다. 아이들은 자신의 특성을 선하고 긍정적인 것으로 생각할 때 가장 잘 성장한다. 아이가 스스로를 부정적으로 여긴다면 본인을 왜곡된 시선으로 보게 될 것이다. 각각의 아이들은 자기만의 개성을 지닌 개별적인 존재라는 것을 꼭 기억해야 한다.

이제는 흔해진
외동아이들

외동아이에 대한 책을 쓰기로 결심하면서 새롭게 알게 된 놀라운 사실! 내가 아는 사람들, 초·중·고 대학 동창들을 비롯해 직장 동료들 중에 외동아이는 단 한 명도 없다는 것이다. 그도 그럴 수밖에 없는 게 나는 흔히 베이비붐 세대라고 불리는 시대에 태어났다. 출생률이 다른 시기에 비해 현저하게 상승하는 시기에 태어난 이들을 베이비붐baby boom 세대라고 하는데, 미국의 경우 베이비붐이 일어난 시기는 1946년부터 1965년이었다. 우리나라는 1세대와 2세대로 나뉘는데 서울대 인구학 연구실의 구분에 따르면 1차 베이비붐 세대는 찢어지게 가난했던 1955년에서

1964년이었고, 2차 베이비붐 세대는 그래도 조금은 먹고사는 문제가 나아진 1965년에서 1974년 사이라고 본다. 나는 2차 베이비붐 세대로, 친구와 지인들 역시 3~5명의 형제자매를 둔 경우가 대부분이다.

우리나라는 1960년대부터 가족계획을 실시했는데 그리 효과를 보지 못했다. 그래서 1980년대에 보다 강력한 산아제한 정책을 펼쳤고, 그 결과 외동아이들이 나타나기 시작했다. 정부의 산아제한을 장려하기 위해 만든 표어를 보면 언제부터 외동아이가 많아졌는지 쉽게 추측할 수 있다.

- 1960년대:

  많이 낳아 고생 말고 적게 낳아 잘 키우자.

  덮어놓고 낳다 보면 거지꼴을 못 면한다.

- 1970년대:

  아들딸 구별 말고 둘만 낳아 잘 기르자.

  내 힘으로 피임하여 자랑스러운 부모 되자.

- 1980년대:

  둘도 많다. 하나씩만 낳아도 삼천리는 초만원.

오늘날 어린 자녀를 둔 가정의 경우, 두 집 걸러 한 집이 외동아이일 정도로 외동이 흔해졌지만 우리 사회에 외동아이가 많아진 건 50년이 채 되지 않는다. 전 세계적으로도 외동아이가 증가한 것은 20세기 이후라고 할 수 있다. 사실 외동아이의 증가는 의료기술의 발전과 무관하지 않다. 믿을 만한 피임법이 나타나기 전까지는 부모의 뜻대로 자녀의 수를 조절하는 것은 거의 불가능했다. 또한 자녀를 하나만 갖는 것은 매우 위험한 일이었는데, 200년 전만 해도 10명 중 4명 이상이 5세 이전에 목숨을 잃었다. 왕족들조차 홍역, 천연두, 백일해 등으로 아이를 잃었는데 의료적 혜택을 받기 어려운 일반 백성의 경우에는 자녀를 잃을 가능성이 매우 높을 수밖에 없었다. 그 때문에 아이는 되도록 많이 낳는 것이 안전했으며, 과거 대부분의 사회가 '농경'에 기반을 두어서 아이는 많으면 많을수록 좋은 것이었다. 이런 시대에 외동아이는 매우 특별한 존재일 수밖에 없다.

　과거의 외동아이는 난임 가정에서 매우 어렵게 얻은 아이거나 여러 아이들 중 유일하게 살아남은 아이일 가능성이 높다. 외동아이가 부모의 자발적인 선택이 아닐 때 외동아이에 대한 부모의 과보호는 더 강해질 수 있다. 그 예로 중국의 '소황제'를 들 수 있다. 중국은 인구 억제를 통한 경제부흥을 위해 1978년부터 2014년까지 1가구 1자녀 정책을 실시했는데, 이렇게 자발적인 의사와 관계없이 아이를 하나만 낳아야 했던 부모들은 아이를 애지중지하며 황제처럼 받들어 키웠다. 이때 태어난 외동아이들을 소황제라고 부른다.

이제는 시대가 변했다. 우리는 아이를 낳을지, 낳지 않을지, 낳는다면 몇 명 낳을지를 선택할 수 있는 시대에 살고 있다. 외동아이는 부모가 선택한 결과일 때가 많으며, 주변에서 외동아이를 만나는 것도 매우 흔한 일이다. 의료기술의 발달로 아이가 질병으로 사망할 가능성도 현저히 낮기 때문에 과거처럼 아이를 잃을까 불안해할 일도 거의 없다. 이제 외동아이가 더 이상 특이하거나 특별한 존재가 아닌 세상이 된 것이다.

부모의 과보호에서
성취 압력으로

이러한 시대적 변화는 외동아이를 둔 부모의 인식도 바꾸어 놓은 것으로 보인다. 외동아이에 대한 과보호는 줄고, 하나만 낳았으니 잘 길러야겠다는 마음에 보다 엄격해지고 성취에 대한 압력은 늘어나고 있다. 로나 레비Rona Levy와 타샤 머피Tasha Murphy는 2021년, 227명의 엄마들을 대상으로 흥미로운 연구를 진행했다. 아동의 학교 출석, 자녀의 복통에 대한 부모의 반응에 대해 외동아이의 부모와 형제자매를 둔 부모를 비교했는데, 외동아이를 둔 부모들이 아이가 아프면 더 크게 반응하고 학교도 보내지 않을 것 같지만 결과는 그 반대였다. 외동아이를 둔 부모들이 형제자매가 있는 부모들에 비해 자녀의 복통 증상을 덜 심각하게 여겼으며, 외동아이들의 학교 출석률이 형제자매가 있는 아이들에 비해 더 높았다. 이러한 연구결과는 외동아이를 둔 부모들이 그다지 자녀를 과보호하지 않음을 보여준다. 그렇다고 해서 외동아이에 대한 관심이 적어졌다는 뜻은 결코 아니다.

현재의 외동아이 부모는 그저 아이를 귀엽게 여기고 응석을 모두 받아주는 대신에 아이의 성공을 위해 전력을 다하고 있다. 아이를 위해 최고의 교육기관을 찾고, 발달에 도움이 되는 다양한 자극을 열심히 제공한다. 덕분에 외동아이들은 형제자매가 있는 아이들에 비해 훨씬 높은 성취동기를 갖는다. 하지만 자칫하면 부모의 과잉 기대와 과도한 성취 압력이 아이의 건강한 성장 발달을 망칠 수도 있다. 외동아이들 중에 완벽주의자가 많다는 것도 이와 관련이 있을 수 있다. 과거엔 과보호가 문제였다면 지금은 과한 성취 압력이 외동아이 앞에 놓인 걸림돌이다. '하나만 낳아 잘 기르자'는 결심이 아이를 압박하는 돌덩이가 되지 않도록 주의를 기울일 때이다.

CHAPTET 2

외동아이,
어떻게 크고 있나요?

- - - - - - - - - - - - - - - - - -

외동아이 특성을 결정하는
환경 요인

형제자매의 유무가 아이의 성격을 결정하는 요소는 아니지만 영향을 미치는 것은 분명하다. 집안의 유일한 아이가 되는 것과 칠남매 중 한 아이가 되는 것은 분명 다른 일이다. 형제자매가 있으면 아이들끼리 놀고 상호작용하는 등의 사회적 경험을 많이 한다는 측면에서는 분명 이득이지만, 부모의 관심과 사랑을 여럿이 나눠야 하는 불리한 점도 있다. 이처럼 형제자매의 유무에 따라 장점과 단점이 공존한다. 성공적인 육아를 위해서는 외동아이의 장점과 단점을 포함한 특성에 대해 이해하고, 장점은 극대화하고 단점은 보완해주려는 노력이 필요하다.

형제 부재로 인한
사회적 경험 부족

외동아이가 형제자매가 있는 아이들과 비교해 가장 큰 단점으로 손꼽히는 것은 바로 '사회성'이다. 사회성은 다른 사람들과 잘 어울리는 능력이기 때문에 아무래도 사람들과 어울릴 기회가 많을 때 더 잘 발달할 수 있다. 그런 점에서 형제자매가 있는 아이들이 사회성 측면에서 유리하다. 형제자매가 있는 아이들은 어릴 때부터 한정된 공간과 자원을 나눠야 하는 운명이다 보니 다툼도 많지만 이 과정에서 나누기와 차례 지키기, 기다리기와 같은 기본적인 사회성 기술을 배우며 더 나아가 양보하기, 도와주기, 협력하기와 같은 친사회적 행동도 익히게 된다. 다툼과 갈등이 많다 보니 협상하기, 양보하기, 참기, 문제 해결 방법 찾기를 통해 갈등 해결 능력도 발달시킬 수 있고, 상황을 파악하고 행동하는 사회적 눈치도 생기게 된다. 이러한 사회적 능력들은 집단 활동에 참여하고 적응하는 데 큰 도움이 되며 또래와 더 즐겁게 놀이하며 우정을 발달시키는 데도 큰 역할을 한다.

반면 외동아이는 또래와 어울릴 기회가 형제자매가 있는 아이들에 비해 상대적으로 적다. 외동아이가 상대하는 사람은 또래가 아닌 부모나 할머니, 할아버지, 고모, 이모, 삼촌, 교사와 같은 어른들일 때가 많다. 외동아이는 공간과 자원 사용에 대해서도 독점적 지위를 지닌다. 외동아이는 아주 어릴 때부터 자기 방을 갖는 경우가 많다. 그 방은 아이를 위한 인형, 장난감, 책들로 꾸며져 있고, 이 모든 것들은 경쟁자 없이 오롯이 외동아이만을 위한 것이다. 먹을 것을 두고도 형제자매와 다툴 일이 없다. 부모나 조부모의 것도 아이에게 크게 해롭지 않으면 어른들은 기꺼이 외동아이에게 양보한다. 놀이를 할 때도 외동아이는 무엇을, 어떻게 할지 자신이 정할 때가 많다.

아이들은 자신이 경험한 대로 행동한다. 가정에서 이렇게 생활한 외동아이는 또래들과 함께 생활해야 할 때도 가정에서 해왔던 대로 행동하며, 또래들도 부모가 자신을 대했던 것처럼 대해줄 것이라 기대한다. 하지만 또래들은 부모와 같은 어른처럼 인내심과 배려심이 많은 존재가 아니며, 아이를 귀엽게 봐주지도 않는다. 원하는 것을 얻기 위해 부딪치기도 하고 협상하기도 하며, 때론 눈치껏 기다리고 참아야 하는데, 외동아이는 이러한 것들을 해볼 기회가 적었기 때문에 당연히 서툴 수밖에 없다. 그래서 갈등이 생기면 삐치고 울고 떼쓰고 화내며 억울해한다. 이러한 모습들 때문에 외동아이는 자기중심적이고 이기적이며 사회성이 떨어진다는 편견이 생긴다.

이 평가는 연구 결과에서도 나타나는데, 미국 아동들의 사회성과 대인관계 기술에 대한 더글라스 다우니Douglas Downey 연구에서 유치원 교사들은 형제자매가 있는 아동들에 비해 외동아이들의 자기 통제력과 대인관계 기술을 낮게 평가했다. 하지만 흥미롭게도 후속 연구들에서는 이러한 외동아이의 사회성 미숙이 초등 5학년까지는 지속되지만 중학교와 고등학교까지 이어지지 않는다는 사실이 밝혀졌다. 이 연구 결과는 외동아이의 사회성 미숙이 사회적 경험의 부족에서 기인했다는 것을 알려준다. 어릴 때에는 경험 부족으로 또래와 좌충우돌하며 사회성의 어려움을 겪지만, 또래와 함께하는 경험이 늘어나면서 외동아이의 사회적 능력도 한층 발달하며, 고학년으로 갈수록 형제자매가 있는 또래와 별반 차이를 보이지 않게 된다. 외동아이의 가장 큰 단점으로 꼽히는 사회성을 보완하기 위해서는 어려서부터 다양하고 풍부한 사회적 경험을 제공하는 것이 중요하다.

고립감을 해소시켜줄
사회적 지지가 필요하다

외동아이로 사는 게 어떤지를 알아보는 가장 확실한 방법은 외동아이에게 묻는 것이다. 멀리 찾을 필요도 없다. 내겐 외동딸이 있지 않은가! 그래서 딸아이에게 물었다. "외동이라서 어때? 외동이라서 좋거나 혹은 싫은 점은 뭐야?" 딸아이는 잠시 생각하더니 "글쎄, 딱히 싫은 점은 없는데? 아니, 좋아!"라고 답했다. 그러면서 나를 향해 씩 웃으며 "다 내 거잖아! 누구랑 나눌 필요도 없고, 쟁취하기 위해 싸울 필요도 없고"라고 말하더니, "흠……. 형제자매가 있는 친구들이 좀 부러울 때도 있는데……. 언니랑 같이 여행 가고 쇼핑 다니고 그런 거 볼 때는 부럽긴 하더라"라는 말을 덧붙인다. "친구랑 같이 하면 되잖아?"라고 되묻는 내게 딸아이는 이렇게 대답했다. "그렇지, 친구랑 다녀도 되는데, 친구랑은 항상 할 수 없잖아. 언니는 가족이니까 좀 더 편한 점이 있는 것 같아. 친구들을 보니까 중·고등학교 때는 엄청 싸우더니 스무 살 넘으니까 진짜 친구처럼 지내더라. 서로 고민 상담도 잘해주고, 옷이랑 화장품도 같이 사러 다니고." 그러고 보니 요즈음 친하게 지내던 친구와 만나지 않는 것 같아 물어보니, 그 아이도 언니랑 캐나다로 단기 유학을 떠났단다. 친구와 자주 만날 때는 괜찮았지만 친구가 떠나고 나니 아이도 새삼 자신이 혼자라는 생각이 들면서 살짝 외로움을 느끼는 듯했다.

외동아이라고 하면 '버릇없다'는 편견과 함께 가장 많이 떠오르는 것이 바로 '외로움을 많이 느낄 것'이라는 생각이다. 정말 외동아이는 외로움을 많이 탈까? 외동아이라는 존재 자체가 외로움을 많이 느끼는 성향을 갖고 있다기보다 형제자매가 있는 가정에 비해 외동아이의 가족 환경이 아이를 외롭게 할 가능성이 더 높다는 것이 보다 정확할 것이다. 형제자매 관계는 상당히 특이하다. 언니, 오빠, 형, 누나, 동생 등 출생 순위에 따른 서열이 존재하지만 이러한 위계질서는 성인 관계에 비해 훨씬 약하다. 때론 보살펴주고 말을 따라야 하지만 계급장 떼고 놀고 수다도 떨다가 다투기도 한다. 이럴 때의 형제자매 관계는 동료 혹은 또래 관계와 더 유사하다. 친구가 많으면 많을수록 외로움이 덜해지는 것은 부인할 수 없는 사실이다. 이런 점에서 형제자매가 있는 아이들은 늘 곁에 친구가 있는 것이나 마찬가지이기 때문에 외로움을 덜 느끼게 된다. 반면 외동아이는 정기적으로, 자주 어울릴 수 있는 친구가 없을 때 외롭다고 느낄 수 있다. 특히, 또래 소속감의 욕구가 절정에 이르는 청소년기에는 외로움을 더욱 크게 느낄 수 있다.

이런 점에서 2015년 삼성서울병원 가정의학과 이정권 교수팀의 연구 결과를 눈여겨볼 필요가 있다. 중·고등학생 6만 8,043명을 대상으로 형제 유무와 우울증, 자살 시도와의 관계를 분석한 연구였는데, 우울 증상이 없는 집단에서 외동 비율은 12.8%였으나 우울 증상이 있는 집단에선 외동 비율이 20.4%로 2배 가까이 높았다. 또한 형제자매가 있는 또래에 비해 외동 청소년이 자살 시도에 이를 가능성이 1.75배로 높게 나타났다. 연구팀은 "형제가 있는 것은 가족 수가 많다는 것으로 고립감을 감소시키고 사회적 지지를 증가시켜 자살 예방 효과가 있는 것으로 해석해볼 수 있다"고 분석했다.

그렇다고 자녀의 외로움을 줄여주기 위해 원치 않는 둘째를 가질 필요는 없다. 비록 피는 나누지 않았지만 아이에게 언니, 오빠, 형, 누나, 동생과 같은 존재들을 만들어줄 수 있기 때문이다. 꼭 동년배가 아니더라도 다른 아이들과 정기적으로 어울리는 기회를 꾸준히 만들어준다면 아이는 자연스럽게 이웃집 아이를 형으로, 오빠로, 혹은 동생처럼 여기며 형제관계에서 주는 이득을 누릴 수 있게 된다. 외동아이를 둔 부모들이 꼭 알아야 할 것은 아이들에게 부모의 사랑이 전부는 아니며 부모와의 관계가 좋은 아이들도 외로움을 느낄 수 있다는 사실이다. 부모의 사랑은 아이들의 성장 발달에 가장 기초가 되는 것임은 분명하지만 그것만으로 아이들의 사회적 욕구를 충족시켜줄 수는 없다. 아이들은 세상 밖으로 나가 가족 외의 다른 사람들과 어울리고, 그 사람들과의 관계에서 인정받기를 원한다. 그랬을 때 아이들은 자신들이 의미 있는 존재라고 여기며 안심한다. "인간은 사회적 동물이다"라는 말이 괜히 나온 것이 아니다.

외동아이 연구의 권위자인 토니 팔보Toni Falbo에 따르면 외동아이는 혼자이기 때문에 다른 가정의 아이들과 우정을 쌓거나 공유하는 법을 더 빨리 배운다고 한다. 이처럼 외동아이는 또래 관계를 맺고 우정을 쌓으며 외로움에 대처할 준비가 되어 있다. 이제 부모 차례이다. 꽁꽁 닫혀 있던 현관문을 활짝 열고 이웃의 아이들을 초대하자. 어쩌면 아이는 피보다 더 진한 우애를 나눌 상대를 만나게 될지도 모른다.

높은 성취동기는
어떻게 형성되었을까

　외동아이가 형제자매가 있는 아이들과 비교해 의미 있는 차이점을 보이는 영역은 바로 '성취동기'다. 많은 연구들에 따르면 외동아이의 성취동기가 형제자매가 있는 아이들에 비해 확연히 높다고 한다. 성취동기란 '도전적인 과제에서 성공하고 높은 성취 기준을 맞추려는 의지'로, 성취동기가 높으면 학업적인 면에서도 더 좋은 결과를 얻게 될 가능성이 높다. 흔히 학업 능력에 영향을 많이 미치는 요소로 지능을 꼽는데, 지능지수IQ가 똑같을지라도 어떤 아이는 학교에서 좋은 성적을 보이지만, 또 다른 아이는 미흡한 성과를 보이기도 한다. 이런 차이를 만드는 가장 큰 요인이 바로 성취동기다. 새로운 활동에 보다 적극적인 관심을 갖고 참여하며 실패를 하더라도 다시 도전하여 목표를 달성하게 만드는 힘은 성취동기에서 나온다. 따라서 성취동기가 높은 아이들은 학교에서 적극적인 모습을 보이며, 이것이 긍정적인 결과로 이어지게 된다. 그동안의 상담 경험을 돌이켜보면 학업 성적이 뛰어나고, 특목고와 자사고 등 소위 명문학교로 불리는 곳에 진학했던 아이들 중의 상당수가 외동아이였다. 실제로도 외동아이들의 대학 및 명문학교 진학률은 형제자매가 있는 가정의 아이들에 비해 높다. 토니 팔보에 따르면 외동아이들의 미국 대학입학시험인 SAT 평균 점수가 형제자매가 있는 아이들보다 높았고, 대학이나 의과, 법과 대학원 진학률도 앞선 것으로 나타났다고 한다.

외동아이들이 높은 성취동기를 갖게 된 것에는 역시 부모의 역할이 가장 크다. 외동아이는 부모가 갖고 있는 자원을 형제자매와 나눌 필요 없이 독점한다. 외동아이는 자녀가 여럿 있는 가정의 아이들보다 부모와 함께하는 시간을 더 많이 가지며 일대일의 지적 자극을 받을 기회도 훨씬 많다. 외동아이 부모는 형제자매가 있는 부모보다 아이에게 책을 읽어주고 대화를 나누는 시간을 더 많이 갖는다. 가족여행이나 체험 활동도 더 많이 하고, 아이의 학교행사나 활동에도 보다 적극적으로 참여한다. 물론 자녀가 여럿인 가정의 부모도 기꺼이 아이들을 위해 책을 읽어주고 체험 활동을 하지만 한 아이에게 집중된 맞춤 서비스를 제공하기는 어렵다. 아이들의 질문에 일일이 답해주는 것도 어렵고 한 아이의 말을 듣고 있자면 다른 아이가 "엄마, 엄마! 나도, 나도!", "내 말 좀 들어봐!" 하면서 끼어드는 통에 한 아이의 대화에 집중하고 이어가는 게 쉽지 않다. 공부로 치자면 외동아이는 집중된 자원과 관심을 제공받는 '개인과외'를 받고 있다면, 형제자매가 있는 아이들은 '그룹과외'를 받는 것이라 할 수 있다. 개인과외의 결과가 그룹과외보다 더 나은 것은 당연하다.

형제자매와 부모의 관심과 애정을 두고 경쟁할 필요가 없다는 것도 외동아이가 높은 성취동기를 갖게 하는 데 일조한다. 부모에게 사랑받는다는 느낌은 아이의 자존감 발달에 긍정적인 영향을 미친다. '부모는 나를 몹시 사랑한다. 왜? 그건 내가 꽤 괜찮은 사람이니까'라는 생각을 하게 하여 아이의 자신감을 상승시킨다. 또한 부모와의 친밀한 관계는 그 자체로 아이에게 안정감을 준다. 새로운 것을 배우고 도전하는 것에는 어느 정도의 용기가 필요하다. 누구나 새로운 것을 접할 때 두려움을 느끼지 않는가! 이러한 두려움을 극복하고 위험을 감수하며 도전을 하려면 '내게 무슨 일이 생겼을 때 도움을 받을 수 있을 것'이라는 믿음이 있어야 한다. 즉, 내가 보호받고 안전할 수 있다는 믿음이 있을 때 우리는 두려움에 압도되지 않고 도전할 수 있다. 부모의 애정을 독점하는 외동아이는 자신이 늘 부모의 1순위인 것을 안다. 자신이 필요할 때 언제든지 부모를 이용할 수 있다는 확신과 그로 인한 안정감, 그리고 '나는 해낼 수 있다'는 자신감은 자기 앞에 놓인 도전을 기꺼이 받아들이게 만들며, 성취동기를 고취시키는 데 기여한다.

외동아이 부모의 관심과 사랑은 그저 아이를 예뻐하고 보호해주는 것에만 그치지 않는다. 관심이 많으면 세세한 것까지 살펴보며 아이가 잘한 것에는 칭찬과 보상을 주고, 아이의 잘못이나 실수나 실패도 그냥 넘어가지 않게 된다. 팔보는 외동아이 부모들이 아이가 잘한 것에는 보상을, 부족한 것에 대해서는 벌을 주는 등 상벌을 철저하게 한 것이 외동아이의 성취동기를 높인 이유 중의 하나라고 주장한다.

나의 어린 시절을 기억해보면 부모에게 공부를 못했다고 혼났거나 잘했다고 칭찬받은 기억이 딱히 없고, 공부하라는 잔소리를 들은 기억도 없다. 성적이 좋지 않을 때 야단맞을까 잔뜩 긴장하며 엄마에게 성적표를 내밀었지만 막상 별다른 말이 없어 당황한 적도 있다. 성적표가 나올 때가 되었는데도 물어보지 않아 가끔은 몰래 장롱 서랍에 있는 도장을 찍어서 학교에 낸 적도 있었다. '가지 많은 나무에 바람 잘 날 없다'고 5명이나 되는 아이들을 일일이 신경 쓸 여유가 나의 부모에게는 없었던 것이다. 하지만 아이가 하나일 경우에는 이야기가 다르다. 단원평가는 잘 봤는지, 어떤 수행평가가 있는지, 제대로 과제를 냈는지, 어떤 과목을 잘하고 또 못하는지, 왜 그 문제를 틀렸는지 세세히 들여다본다. 그리고 잘 해낸 것에는 칭찬을 하지만, 잘못이 있다면 이를 고치고 때론 벌을 주기도 한다.

　이처럼 자신의 노력과 성취에 대한 확실한 보상은 아이의 자존감을 고취시키고 더 나은 존재가 되기 위한 동기를 확실히 부여한다. 실수와 실패를 그냥 지나치지 않고 검토해서 같은 잘못을 반복하지 않도록 하면 아이의 문제 해결력을 높여주는 데 도움이 된다. 그런데 여기서 주의해야 할 점이 있다. 아이의 실수나 실패를 그냥 넘기지 않는다는 것을 처벌로 이해하면 안 된다. 아이를 지나치게 통제하고 숙제나 성적에 대해 지속적으로 잔소리하며 실수나 실패에 대해 지나치게 비판하고 신체적인 고통을 주는 체벌은 아이의 의욕을 꺾어 도전을 두려워하고 회피하게 만든다. 아이들은 아직 어리기 때문에 실수하고 실패할 수 있다. 이들에게 필요한 것은 말로만 하는 비판, 지적, 잔소리, 체벌이 아니라, 무엇이 문제이며 어떻게 도와줘야 하는지 주의 깊게 살피며 실제적인 지도를 하는 것이다. 외동아이의 부모는 심판자가 아니라 안내자가 되어야 한다. 그랬을 때 외동아이는 부모의 사랑과 관심, 자원을 잘 활용하며 성공을 위해 적극적으로 나아갈 수 있다.

부모의 관심은
양날의 검과 같다

경쟁자 없이 부모의 관심을 오롯이 독점할 수 있다는 것은 외동아이의 가장 큰 특권이라 할 수 있다. 메이지 대학교의 모로토미 요시히코 교수는 외동아이가 부모의 사랑을 독점하는 과정에서 자신이 사랑받고 있다는 자기 확신을 가진다고 했다. 이러한 자기 확신을 통해 세상을 더욱 긍정적으로 바라보거나 인생의 고난을 이겨낼 수 있는 회복력을 기를 수 있다고 주장한다. 부모의 애정을 뺏길 염려 없이 부모와 함께 많은 시간을 보내고 많은 것들을 함께하는 외동아이는 자연스럽게 부모와의 강한 유대감을 형성한다. 이러한 부모와의 친밀한 관계는 안정적인 애착을 형성하게 하고 성취동기를 높여주는 등 외동아이의 성장 발달에 많은 긍정적인 요소로 작용하지만 항상 좋은 것만은 아니다. 부모의 관심은 양날의 검처럼 긍정적인 면과 함께 부정적인 면도 내포하고 있다.

부모와 가깝게 연결되어 있다는 것은 부모의 영향을 많이 받는다는 것을 뜻한다. 만일 부모가 커다란 스트레스 상태에 놓여 있다면 아이 역시 스트레스에서 자유로울 수 없다. 스트레스가 많은 부모는 아이를 달래줄 여유가 없으므로 외동아이는 온전히 스스로 스트레스를 감내해야 한다. 그러나 형제자매가 있다면 이야기는 다르다. 형제자매라는 존재는 부모의 스트레스로부터 서로를 보호하고 스트레스의 부정적인 영향을 줄여주는 완충 역할을 해준다. 하나보다는 둘일 때 좀 더 마음이 든든해지고 덜 두려워지기 때문이다. 한바탕 엄마에게 야단을 맞은 뒤에 자기들끼리 엄마 뒷담화를 하며 놀거나, 때로는 서로 위로한다. 그러면서 이들은 불안과 분노를 배출하고 안정감을 찾아간다. 평소에는 서로 못 잡아먹어 안달이었어도 스트레스가 닥치면 대부분의 형제자매는 의기투합하며 동지애를 나눈다.

부모의 관심이 지나칠 때도 문제가 된다. 아이를 잘 키우겠다는 마음에 어려서부터 너무 많은 걸 시키고, 이를 모두 잘 해내기를 지나치게 요구하는 외동아이 부모들도 있다. 다른 아이에게 관심이 분산되지 않으니 때론 집요할 정도로 아이에게 매달리며 하나부터 열까지 일일이 간섭한다. 이러한 부모의 지나친 관심과 기대는 아이에게 압력으로 작용하여 성취동기를 높여주기는커녕 불안하고 무기력하게 만들기 쉽다. 상담에서 만난 지후도 그런 아이들 중 하나였다.

지후는 일곱 살 남자아이로 축구를 꽤 잘했다. 아기 때부터 공놀이를 좋아하더니 걷기 시작하면서부터는 제법 공을 잘 차 주변에서 축구 신동이라는 말을 듣기도 했단다. 지후 아빠 역시 열렬한 축구팬이어서 지후에게 축구를 가르쳐주기도 했고, 유아 축구교실에 일찌감치 등록시키는 등 지원을 아끼지 않았다. 지후는 축구 신동답게 금세 축구교실의 에이스로 두각을 나타냈다. 이에 욕심이 난 아빠는 좀 더 큰물에서 놀게 해줘야겠다는 마음에 서울에 있는 유명한 유아 축구클럽을 찾아 주말마다 지후를 데리고 왕복 네 시간이 걸리는 길을 다녔다. 평가전은 영상으로 촬영해 경기가 끝나면 아이와 함께 보며 무엇이 문제였는지 알려주고, 지후가 잘 이해하지 못하면 밤늦게라도 운동장에 데리고 가서 연습을 시키곤 했다. 초등학생이 되면 좀 더 본격적으로 축구를 배워야 할 것 같아 축구명문으로 알려진 초등학교 근처로 이사 갈 계획도 세워놓았다. 이렇게 하는 건 지후 부모에게도 물리적으로나 경제적으로 부담이 되는 일이었지만, 사랑하는 그리고 하나뿐인 아이인 지후를 위해서라면 기꺼이 감수할 수 있고 또 그래야 한다고 생각했다. 그러던 어느 날, 축구클럽에 가야 할 시간이 되었는데도 지후가 화장실에서 나오지 않았다. 결국 그날은 복통이 나아질 기미가 보이지 않아 축구클럽에 가지 못했다. 그 후로도 지후는 자주 배가 아팠고 축구클럽을 빠지는 날도 점점 많아졌다. 병원도 다녀봤지만 복통의 뚜렷한 이유를 찾지 못했다. 그러자 계속 축구클럽을 빠질 수 없다는 생각이 든 아빠는 강제로라도 데려가야겠다고 결심했다. 축구클럽에 가는 날, 그날도 어김없이 배가 아프다는 지후에게 아빠는 "아파도 그냥 가! 축구하다가 도저히 배가 너무 아파서 못하겠으면 그때 집에 오자"며 지후의 손을 잡아끌었다. 그 순간 지후는 바닥에 주저앉아 울면서 소리치기 시작했다. "싫어, 안 갈 거야. 축구 싫어. 축구는 지옥에나 갖다 버려. 이사도 안 갈 거야. 아무것도 안 할 거야." 이때 지후 부모는 큰 충격을 받았다고 했다. 지후의 입에서 축구가 싫다는 말을 들을 것이라고는 생각도 못했기 때문이다. 왜 축구가 싫어진 건지 몇 번이나 물어도 지후는 계속 축구가 싫다는 말만 할 뿐 뚜렷한 이유를 말하지 않아 답답한 마음에 상담실을 찾게 된 것이다. 상담 시간에 지후는 내게 속내를 털어놓았다.

"축구 싫지 않아요. 아니 많이 좋아요. 근데 못 하겠어요. 이젠 재밌지 않아요. 질까 봐 무서워요. 축구 경기를 할 때마다 엄마는 핸드폰 촬영을 하고, 아빠는 저를 쫓아다니면서 이렇게 해라, 저렇게 해라 소리를 질러요. 그리고 돌아오는 차 안에서 왜 그때 아빠 말을 듣지 않았냐며 야단을 쳐요. 난 이제 축구를 잘 못해요.”

외동아이들이 자주 겪는 문제 중에 하나로 완벽주의가 자주 거론되는데, 완벽주의는 잘 해내야 한다는 압박감의 결과이다. 완벽주의는 일을 꼼꼼히 잘 해내려는 것으로 얼핏 긍정적인 특성이라고 생각하기 쉽지만, 사실 완벽주의는 불안의 한 종류이다. 완벽주의자들은 해야 할 일이 있을 때 커다란 심리적 부담을 느낀다. 잘 해내야 한다는 생각은 ‘실패하면 어쩌지’라는 생각과 자연스럽게 연결되어 실패에 대한 두려움을 자극시켜 도전 과제를 피하게 만든다. 그래서 확실히 성공할 것만, 해봤던 것만 하려고 해서 자연스럽게 융통성과 창의성, 호기심은 감소하게 된다. 이러한 완벽주의는 ‘학습된 무기력’으로 연결되기 쉽다. 아이의 수준을 넘어서는 자극을 제공하거나 이로 인해 실패를 반복하게 될 때, 또 아이의 실수에 대해 창피를 주거나 지나치게 벌을 주어도 아이는 “나는 못 해”, “나는 바보야”라고 생각해 자존감이 낮아지며 학습된 무기력을 얻게 된다. 학습된 무기력은 인지학습 이론가들이 학업과 성취를 방해하는 가장 큰 심리적 요인으로 꼽는다. 이는 스스로의 능력을 낮게 평가해 실제 해낼 수 있는 일도 하지 않게 되는 것을 말한다. 학습된 무기력을 갖게 되면 실패를 했을 때 쉽게 포기하고 더 이상 노력하지 않는다. ‘어차피 실패할 텐데’ 나아지려는 시도를 할 이유가 없기 때문이다.

“하나뿐인 아이, 최고로 키울 거야”라는 부모의 사랑은 적절히 조율하지 않으면 지나친 관심으로 이어지고, “너를 위해 엄마아빠가 어떻게 했는데……”라며 아이에게 부모의 지원에 대한 결과 내놓기를 요구하는 것으로도 나타날 수 있다. 만일 아이가 부모가 생각한 정도의 성과를 내놓지 못하면 아쉬움에 “그것도 제대로 못 해?”, “넌 너무 산만해서 문제야”라며 아이를 비난하거나 벌을 주기도 할 것이다. 부모의 처벌과 비난, 쉬어갈 틈도 주지 않고 아이를 밀어붙이면 아이는 시도하고 노력하는 것을 중단하고 무기력해진다. 자신이 좋아하고 재능이 있는 것조차 포기하고 주저앉은 지후처럼 말이다. 아이에 대한 사랑과 관심도 지나치면 독이 된다는 점을 잊지 말아야 한다.

비교의 대상에 따른
차이

외동아이들은 경쟁 상대가 없으니 부모의 관심과 사랑과 자원을 뺏길까 봐 걱정할 필요도 없고, 비교당할까 불안감에 빠져들 필요도 없다. 언제나 부모는 자기를 바라보고 있으니 부모의 관심을 끌기 위해서 무리한 행동을 하지 않아도 되며, 방해꾼이 없으니 자기가 하고 싶은 것이나 관심사에 집중할 수 있다. 레고를 만들거나 그림을 그리거나 책을 읽고 숙제를 할 때도 방해받지 않고 마음 편히 할 수 있다는 것은 형제자매가 있는 아이들에겐 부럽기 짝이 없는 일이다. 형제자매가 있는 아이들과 상담을 하다 보면 자신이 만든 레고 블록을 동생이 무너뜨려서, 그림에

낙서를 해서, 숙제하는데 거실에서 시끄럽게 해서 싸웠다는 이야기를 수도 없이 듣는다. 당연히 해야 하는 일도 형제자매와 비교하면서 불만을 표현하는 경우도 허다하다. 예를 들면, 초등학생 아이가 자신은 가기 싫은 학원을 억지로 다니는데 동생은 다니지 않아 동생도, 엄마도 밉다고 하소연을 한다. 동생은 고작 네 살이었다. 이처럼 외동아이는 형제자매를 신경 쓰고, 형제자매에 대한 주변의 평가를 걱정하지 않아도 된다는 점에서 자신의 에너지를 오롯이 자신을 위해 쓸 수 있다는 큰 장점을 갖는다.

하지만 외동아이들도 비교당할까 봐 불안해하고 부모의 관심을 끌기 위해 미숙하거나 부적절한 행동을 할 때가 있는데, 이런 모습은 주로 다른 아이들과 함께 있을 때 나타난다. 명절이라 일가친척이 다 모인 자리에 여러 사촌형제들이 있을 때나 또래 아이들의 모임에서 부모가 자기 외의 다른 아이에게 관심을 보이거나 예뻐하면 부모에게 칭얼대고 화를 내며 부모의 관심을 자신에게 되돌리려고 애쓴다. 대개 이러한 행동은 일시적인 것으로 일상생활로 돌아오면 사라진다. 하지만 만일 다른 또래들과 함께하는 시간이 잦은데 그때마다 부모가 자신을 다른 아이들과 자주 비교하고 평가하면 이런 행동은 오래 지속적으로 나타날 수 있다. "어머, 너는 키가 크네. 우리 ○○는 작아서 걱정이야"라는 식으로 비교하거나, 외동아이라서 버릇없다는 소리를 들을까 봐 지나치게 엄격하게 굴거나, 혹은 주변 사람들의 시선을 의식해 다른 아이들을 더 배려하며, 내 아이는 낮추고 상대를 치켜세우는 칭찬을 자주 하면 외동아이도 강한 경쟁심과 시샘을 갖게 될 수 있다.

오히려 외동아이여서 더 많이 비교를 당할 수도 있다. 시험 성적을 오빠와 언니와 비교하는 게 아니라 "너네 반에 백점 맞은 애들 몇 명이야?"라며 주변의 모든 아이들과 비교하는 외동아이 부모도 있다. 이런 부모는 형제자매가 없기 때문에 외동아이가 가질 수 있는 장점을 모두 물거품으로 만드는 부모라 할 수 있다. 외동아이가 가진 가장 큰 강점 중 하나가 비교의 무게에서 조금 더 자유롭다는 데 있다. 따라서 부모가 해야 할 일은 단순하다. 내 아이를 누구와도 비교하지 않고, 있는 그대로 존중해주는 것. 그렇게만 해도 외동아이는 충분히, 그리고 건강하게 잘 자랄 수 있다.

남다른 조숙함과
언어 발달

가족 모임에 가보면 형제자매가 있는 아이들은 구석에서 자기들끼리 놀거나 대화하는 경우가 많은데, 외동아이는 어른들 사이에 떡하니 한 자리 차지하고 앉아 어른들이 주고받는 이야기를 듣고 대화에 끼어든다. 어릴 때부터 부부 모임, 친척 모임 등 부모가 가는 곳이면 늘 함께했기에 어른들 사이에 있는 것을 크게 불편해하거나 어색해하지 않는다. 형제자매가 있는 아이들과 비교해 외동아이는 부모와 더 자주 대화를 한다. 아이가 많으면 부모도 아이에게 일일이 답해주는 게 어렵지만 외동이라면 아이의 말에 집중해 반응해줄 수 있기 때문에 좀 더 지속적으로 대화를 나눌 수 있다. 그 결과 외동아이는 형제자매가 있는 아이들에 비해 어휘력이나 이해력, 표현력 등 언어 능력에서 더 뛰어난 모습을 보인다. 어른과 대화를 많이 하다 보면 자연스레 조금은 어려운 어휘나 표현법을 배우고 익힐 기회가 많아지기 때문이다. 얼마 전 엘리베이터에서 대여섯 살 정도로 보이는 여자아이와 엄마의 대화를 엿듣게 되었다. 엄마가 "와, 올 여름은 진짜 덥네. 너무 덥지 않니?"라고 말하자 아이는 "응, 엄마. 폭염이래!"라고 답했다. 아이 엄마는 '폭염'이라는 제법 어려운 어휘를 아이가 사용한 것이 놀랍기도 하고 기특했는지 큰 소리로 웃으며 말했다.

"하하하. 폭염이야? 맞다. 폭염이지. 그걸 어떻게 알았어?"

"아빠가 맨날 말하잖아. 그리고 뉴스에서도 봤어."

"와, 너, 기상캐스터 같다!"

"음……. 기상캐스터? 그게 뭔데?"

"뉴스에서 일기예보 해주는 사람들 있지? 그런 사람을 기상캐스터라고 해."

"응. 맞아. 난 기상캐스터야."

"자, 기상캐스터님. 이번 주 날씨는 어떨까요? 계속 폭염이 이어질까요?"

엘리베이터를 타고 7층까지 가는 동안 아이는 '기상캐스터'라는 새로운 단어를 배우게 되었다. 아이에게 말을 걸고 아이의 말에 주의를 기울이고 반응하며 확장시켜주는 엄마 덕분이다.

외동아이들이 부모와 밀접하게 접촉하면서 어른스러운 단어나 표현법만을 배운 건 아니다. 외동아이는 부모의 관심사나 일상을 공유하고 배우며 소위 '어른들의 일'에 보다 많은 관심을 갖는다. 흥미롭게도 아이들을 상담하다 보면 형제자매가 있는 아이들은 아빠의 직업은 알아도 정확히 어떤 회사를 다니고 무슨 일을 하는지 모르는 경우가 많은데, 외동아이들은 아빠가 다니는 회사명과 직책까지 세세히 알고 있을 때가 많다. "나도 ○○회사 다닐 꺼예요. 아빠 회사인데, 유명한 회사예요. 거기에 가려면 대학은 ○○, ○○ 정도, 학과는 ○○를 가야 해요"라고까지 말하는 아이도 있었다. 또래들이 마트에서 미니카를 구경하고 수집할 때 아빠와 함께 주말마다 수입차 전시장을 다녀서 차에 대해 어른 뺨치는 지식을 자랑하는 꼬마도 있었다. 부모도 아이가 어른스럽게 말하고 행동하거나, 어른의 관심사에 귀 기울일 때 그 모습에 놀라거나 흥미롭게 반응한다. 더 나아가 어른들끼리 나눌 만한 대화를 아이와 하거나, 부모의 옷을 살 때도 아이에게 골라달라고 하는 등 아이를 어른처럼 대하는 부모도 있다. 이러한 어른의 반응은 아이가 더욱 조숙하게 말하고 행동하도록 이끄는 데 일조한다.

이와 관련해 외동아이 연구의 권위자인 미국의 심리학자 칼 피카르트Carl Pickhardt 박사의 말을 새겨들을 필요가 있다. 그에 따르면 외동아이는 부모를 동료의식을 나눌 상대로 여긴다. 또한 외동아이는 친구를 즐겁게 하는 것보다 부모를 기쁘게 하는 데 주력하며 부모와 동일한 행동을 하고 동일한 가치관을 가짐으로써 그들을 만족시키려는 경향이 있다고 한다. 부모를 닮아가려고 하는 것은 부모-자녀 관계가 그만큼 돈독하다는 뜻이기에 긍정적이지만 자칫 잘못하면 아이는 자신의 나이를 잊고 어른처럼 말하고 행동하거나 또래보다 어른들과 어울리려고 할 수 있다. 어른들의 모든 대화에 끼어들며 참견하거나 또래와 놀라고 하면 "유치해!", "걔네들은 ○○○ 게임(어른들이 주로 하는)도 몰라!"라며 또래를 낮춰보는 외동아이들도 꽤 있다. 이들 대개가 또래 관계에서 평판이 별로 좋지 않고 사회성에 어려움을 겪는 경우가 많다.

또래 관계 형성에 가장 중요한 영향을 미치는 것은 '유사성'이다. 서로 비슷할 때 공감대가 형성되며 서로에게 호감을 느끼게 되는데, 아이들 눈에도 지나치게 어른스러운 아이들은 자신들과 다르다고 생각해 호감도가 낮아진다. 이처럼 지나친 조숙함은 아이의 사회적 관계에 부정적인 영향을 끼칠 수 있으며, 유년시절에만 느낄 수 있는 즐거움과 경험의 기회를 박탈한다는 점에서 좋지 않다. 부모와 붙어 있는 시간이 많을 수밖에 없는 외동아이는 당연히 부모와 많은 것들을 함께 한다. 하지만 그렇다고 어른들의 일까지 모두 아이에게 알리고 공유할 필요는 없다. 아이를 양육할 때 꼭 염두에 두어야 하는 것은 아이의 발달 수준이다. 아이의 발달 수준을 초과하는 자극을 주어서 득이 되는 경우는 없다. 아이는 아이다울 때 제일 예쁘다.

부모의 칭찬으로 인한
자존감과 만능감

외동아이들이 형제자매가 있는 아이들에 비해 자존감이 높다는 것은 널리 알려진 사실이다. 우선 경쟁 상대가 없으니 비교당할 일도 없어 열등감을 느끼는 경우가 적다. 아이가 하나이니 부모는 아이가 하는 첫 도전에 열광하고 처음 해내는 일에 큰 박수를 보낸다. 이는 첫째아이와도 비슷하다. 아이를 여럿 키우는 가정을 보면 확실히 알 수 있다. 부모는 첫째아이가 첫 걸음마를 하고 "엄마"라고 말한 순간을 또렷이 기억하지만 둘째나 셋째아이는 언제 했는지 가물가물할 때가 많다. 반응도 다르다. 첫째 아이가 첫발을 떼었을 때는 온 가족이 박수를 치며 격하게 반응하지만 둘째, 셋째는 이미 겪어본 것이어서 감흥이 그만큼 줄어든다.

첫째는 둘째가 태어날 때까지 외동아이로서의 지위를 누리며 가족 내에서는 대단한 '셀럽'의 대우를 받기 때문에 꽤 높은 자존감을 갖게 된다. 그런데 곧 둘째의 등장으로 자신의 입지를 위협받게 된다. 아무리 부모가 첫째를 사랑한다 하더라도 동생이 태어나면 돌봄과 관심의 양은 줄어들 수밖에 없기 때문이다. "흥, 엄마는 동생만 예뻐하구……"와 같은 말 속에는 첫째아이의 위기의식이 고스란히 담겨 있다. 한때 '제왕'이었으나 얼마 안 가 폐위될 처지에 놓인 첫째아이와는 달리 외동아이는 그럴 걱정이 없다. 부모에게는 외동아이의 모든 행동이 '최초'이자 '마지막'이 될 것이기에 마음껏 감동하고 칭찬을 아끼지 않는다. 형제자매가 있는 가정의 부모들보다 외동자녀를 둔 부모들이 자신의 아이가 '똑똑하다'고 생각하는 경향이 높은데, 아마도 이는 비교 상대가 없기 때문으로 보인다. 아이를 처음 키워보는 어른에게는 아이가 하는 모든 행동이 놀랍게 느껴지는 건 당연하다. 이러한 부모의 넘치는 관심과 사소한 것에도 듬뿍 칭찬을 해주는 여러 어른들을 두었기 때문에 외동아이의 자존감은 높아질 수밖에 없다.

자존감은 다른 말로 '자기평가'라고 할 수 있는데, 이 자기평가는 자신에 대한 '타인의 평가'를 기초로 이루어진다. 이는 외동아이에 대한 부모의 애정과 칭찬이 자신의 존재에 대해 긍정적으로 평가하는 높은 자존감으로 이어지게 된다. 자존감이 높은지 낮은지, 긍정적인지 부정적인지는 삶에 대한 기쁨과 만족을 느끼는 능력에 영향을 준다. 자존감이 높은 사람은 자신이 가치 있는 존재이며, 다른 사람도 나를 귀하게 대할 것이라 생각하고, 성취를 이룰 수 있는 자신의 능력을 믿기 때문에 행복감을 느낀다. 자존감에 대한 연구들은 높은 자존감은 긍정적인 생활 만족도, 건강한 정신, 행복감과 관련되지만 낮은 자존감은 우울, 불안, 자살 및 폭력적인 생각, 부적응과 관련되며 공격성, 반사회적 행동, 비행과도 관계가 있다고 보고하고 있다.

하지만 자존감도 지나치게 높으면 문제가 된다. 지나친 자존감은 만능감으로 이어지기 쉽다. 이는 '나는 무엇이든 잘한다는 자신감이 넘치는 상태'로 자신이 옳다고 생각한 판단을 무조건 믿어 독불장군 같은 고집 센 모습으로 나타나기도 한다. 물론 어린아이들은 자기중심성이 강하기 때문에 고집스런 모습을 보일 때가 있지만, 유독 떼와 고집이 심하고 타협이 안 되는 아이들이 있다. 이런 아이들은 지나친 만능감으로 자신이 틀렸다는 것을 받아들이기 어렵고, 자신의 말을 따르지 않는 것을 쉽게 이해하지 못한다. 만능감은 좌절 인내력을 약화시키기도 한다. 자신은 늘 옳고 잘하는 사람이라고 생각하기 때문에 비난이나 지적, 실패를 접하면 크게 당황하고 좌절한다. 그러면서 역설적이게도 점차 자신감을 잃게 되며, 좌절할 일을 만들지 않고 불안을 들키지 않으려고 자신이 잘 해낼 수 있다고 생각하는 일만 하고 새로운 도전을 피하게 된다. 집에서는 의기양양하고 자기주장이 강한 아이가 바깥 활동은 꺼리고 부모하고만 있으려고 한다거나 "재미없어!"라며 또래들이 즐겨하는 과외 활동을 피한다면, 그 아이의 만능감은 가정에만 국한되어 있다는 뜻일 수 있다.

외동아이가 만능감이 아닌 긍정적인 자존감을 갖게 하려면 부모는 아이에게 애정과 긍정적 관심을 주되 칭찬할 때는 제대로 하고, 너무 남발하는 것은 좋지 않다. "최고야!", "천재야!", "넌 못하는 게 없지!"와 같은 밑도 끝도 없는 과잉 칭찬은 아이를 만능감으로 이끌 수 있기 때문이다.

신체 활동 부족,
미디어 노출의 문제

현대인의 건강을 위협하는 요인 중 단연 으뜸은 비만이다. 비만은 심혈관 질환, 당뇨병, 고혈압, 암 등 다양한 대사 합병증을 유발해 만병의 근원이 된다. 비만은 더 이상 성인만의 문제가 아니다. 소아비만도 빠른 속도로 늘어나고 있다. 대한비만학회에 따르면 최근 10년간 소아청소년 비만 유병률은 남아와 여아 모두에서 증가 추세를 보였다. 남아의 경우 비만 유병률은 25.9%로 10년 새 2.5배가 증가했으며, 여아는 12.3%로 약 1.4배 증가했다. 2021년을 기준으로 우리나라 소아청소년의 비만 유병률은 19.3%로 5명 중 1명이 비만이다.

"살은 다 키로 간다"는 말이 있지만, 이는 근거 없는 말이다. 살이 키로 가기는커녕 아이의 성장을 방해하며, 성인이 되었을 때 당뇨, 고지혈증, 고혈압 및 심혈관 질환을 앓을 가능성만 높여 준다. 특히 청소년기의 비만은 열등감, 우울감, 낮은 자존감 그리고 부정적인 자아상 등의 정서적 문제를 야기할 수도 있기 때문에 소아비만은 결코 가볍게 다뤄져서는 안 된다.

그런데 이런 소아비만이 외동아이에게 더 많이 발견된다는 연구 결과가 나왔다. 미국 오클라호마 대학교 건강과학센터 연구팀은 5~7세 아동의 어머니 68명을 대상으로 아이의 식습관을 조사했다. 연구진은 어머니를 대상으로 주중 2일과 주말 1일, 총 3일 동안 가족이 섭취한 음식을 조사하고, 가족의 식습관을 평가하기 위해 가족의 영양 상태와 신체 활동에 대한 설문조사를 진행했다. 연구진은 건강한 식생활지수HEI, Healthy Eating Index를 기준으로 가족의 식사를 평가했는데, HEI는 미국 농무부가 제공한 '미국인을 위한 식이지침'을 얼마나 잘 지키고 있는지 평가하는 지표로 과일, 채소, 통곡물 등을 많이 먹고 나트륨, 설탕, 포화지방산을 적게 섭취할수록 높은 점수를 받는다. 연구 결과 외동아이를 둔 가정의 HEI 점수가 형제자매가 있는 가정에 비해 현저히 낮았다. 즉, 다자녀 가정보다 아이를 한 명만 둔 가정이 건강에 좋지 않은 식습관과 단 음료를 선택할 가능성이 더 높게 나타나 외동아이의 비만 위험성이 더 크다는 것이 밝혀졌다. 스웨덴 예테보리 대학교의 연구에서도 비슷한 결과가 나왔다. 연구진은 2~9세 어린이 1만 2,700명을 대상으로 BMI(체질량지수, Body Mass Index), 식습관, TV 시청 빈도, 야외활동 시간을 조사했는데 외동아이가 형제자매가 있는 아이보다 비만이거나 과체중일 위험이 50% 이상 높은 것으로 나타났다.

연구자들은 그 이유로 지방 함량이 높고 단맛이 나는 음료 등을 많이 제공하는 가정의 식습관과 함께 신체 활동의 부족을 꼽는다. 형제자매가 있는 가정은 늘 소란스럽다. 잡고 도망 다니고 엉켜서 뒹굴고 이것저것 만들고 쉴 새 없이 떠들며 논다. 같이 놀 상대가 있으니 TV나 휴대폰, 태블릿에 덜 의존한다. 반면 외동아이는 혼자 놀아야 할 때가 더 많다. 홀로 뛰어놀거나 바깥 놀이를 하는 건 쉽지 않기에 집에서 책을 읽거나 장난감을 조립하거나 인형놀이를 하고, TV나 인터넷을 하는 등 신체활동이 적은 놀이를 할 시간이 상대적으로 더 많다. 예테보리 대학교의 연구진도 외동아이들이 형제자매가 있는 가정의 아이들보다 야외활동이 적고 TV 시청 빈도가 많은 것을 비만의 원인으로 꼽았다. 칼로리 소모가 적으니 자연히 살이 찔 수밖에 없는 것이다.

신체 활동이 적으면 아이들의 운동 능력도 잘 발달하지 못한다. 2021년 〈Children〉 저널에 실린 연구에 따르면 형제자매가 있는 아동들이 형제자매가 없는 아동들에 비해 우월한 운동 능력을 보였다. 이는 포르투갈의 유아원에 다니는 161명의 아동을 분석한 결과이다. 이 연구에 따르면, 형제는 놀이를 할 때 자연스럽게 동료 역할을 하는데, 외동아이의 경우에는 놀이 동료가 없다는 것이 영향을 미쳤을 것으로 보았다. 몸을 움직이는 활동은 신체 발육에도 매우 중요하다. 특히 몸을 움직이며 뛰어노는 놀이는 성장호르몬의 분비를 촉진하고 성장판을 자극해 키 성장에 도움을 주고 과체중을 막아주어 성조숙증의 위험도 줄여준다.

최근에는 성조숙증 진단을 받는 아이들이 급격히 늘고 있다. 국민건강보험공단 자료에 따르면 성조숙증은 2014년 9만 6,733명에서 2023년에는 25만 1,599명으로, 10년 새 2.6배가 늘었다. 성조숙증은 성호르몬이 이른 시기에 분비되어 신체에 영향을 미치는 경우로 너무 이른 사춘기 신체발달과 연관이 있다. 이렇듯 비만이 사춘기를 일찍 오게 할 수 있다는 점에서 비만은 성조숙증의 대표적인 원인으로 꼽힌다. 부모들이 성조숙증을 염려하는 가장 큰 이유는 성조숙증이 아이의 키 성장을 방해하고 심리적 문제까지 야기할 수 있기 때문이다. 성조숙증이 있는 아이는 성호르몬이 또래에 비해 일찍 분비되어 어릴 때에는 또래보다 체격이 크지만 조금 시간이 지나면 성장판의 수명이 다해 키 성장이 멈춘다. 이는 결국 키가 작아지게 되는 결과를 초래한다.

또한 남들보다 신체가 빨리 발달하는 것에 대해 부끄러워하고 감추는 등의 심리적 스트레스를 겪을 수 있으며, 이로 인해 학업 성취도가 떨어질 수도 있다. 안타깝게도 외동아이들이 형제자매가 있는 아이들에 비해 성조숙증의 위험이 좀 더 높다. 외동아이가 형제자매가 있는 아이들에 비해 더 빨리 사춘기를 맞게 될 가능성이 높기 때문이다. 덴마크 오르후스대 보건대학원 연구팀이 1만 명 이상의 어린이를 추적 관찰한 결과 외동아이가 형제자매를 둔 아이에 비해 최대 5개월 더 일찍 사춘기에 접어들었다고 한다.

소중한 외동아이가 건강하게 잘 자라게 하려면 부모는 아이의 식습관이나 신체활동에 특히 관심을 기울여야 한다. 아이가 원한다고 해서 단 음료나 지방함량이 높은 음식을 너무 많이 주는 것은 아이를 과체중과 비만으로 이끌 수 있으므로 주의해야 한다. 칼로리를 소비할 수 있도록 몸을 움직이는 기회도 많이 제공해야 한다. 외동아이를 둔 부모는 아이를 위한 고가의 육아용품을 사는 것에 형제자매가 있는 가정의 부모보다 조금 더 대담하다. 고급 유모차, 리모컨이나 버튼으로 작동되는 전자식 승용완구, 웨곤 등 만만치 않은 가격의 육아용품을 구비하는 가정이 많다. 사실 이런 것들은 아이가 아닌 부모를 위한 것이다. 걸음마를 배웠으면 열심히 걷고 뛰는 운동 기술을 익히고 주변을 탐색

해야 하는데, 이러한 승용완구나 기구들은 아이의 신체 활동을 제한해 운동 능력 발달을 저해하고 이는 곧 비만으로 이어진다. TV와 인터넷으로 무료함을 달래는 대신 놀이터에서 신나게 뛰어놀고 신체를 움직이는 경험을 많이 할 때 아이의 몸과 마음 모두 건강하게 자란다는 사실을 잊지 말자.

Part 2

혼자서도 잘 성장하는 외동아이로 키우는 법

외동아이는 부모가 모든 걸 다 해줘서 나약하고 의존적이라는 이미지가 강하다. 실제 외동아이를 둔 부모 중에는 늘 아이 주변에서 머물며 간섭하고 과보호하는 소위 '헬리콥터맘', '캥거루맘'이라고 불리는 사람들도 많다. 하지만 사실 외동아이는 독립심을 발달시키기에 꽤 좋은 환경을 갖고 있다. 형제자매가 있으면 서로 기대고 도움을 받을 기회가 높아진다. 고백컨대 학창시절 뜨개질이나 자

수와 같은 가정교과의 숙제는 거의 언니들이 해줬다. 예전에는 화재예방, 산림녹화, 간첩신고 등의 공익포스터를 그려 오라는 숙제가 참 많았는데, 이것도 그림 솜씨가 좋은 막내 언니가 해줄 때가 많았다. 어릴 때는 창가에 앉아서 언니들을 기다리는 게 일상이었다. 늘 함께 놀다 보니 혼자서 노는 게 익숙하지 않았다. 하지만 외동아이는 상황이 다르다. 형제자매라는 자원이 없기 때문에 스스로를 돌봐야 할 때가 많을 수밖에 없다. 숙제를 도와줄 언니 오빠가 없으니 스스로 해야 하고, 혼자서 놀아야 할 때도 많다.

제한된 범위 내에서
자유 허락하기

선우 엄마는 선우가 초등학교에 입학한 이후로 근심걱정이 생겼다고 했다. 유치원을 다닐 때까지만 해도 선우는 말 잘 듣는 착한 아들이었단다. 늘 엄마 손을 잡고 다녔고, 엄마와 산책을 하고 카페 나들이도 함께하는 사이였는데 초등학교에 입학한 이후로 달라진 것이다. 하교 후에도 친구들과 놀고 싶다며 자꾸 놀이터에 나가려고 해서, 먼저 씻고 숙제하고 간식 먹고 놀라고 하면 "그때 가면 애들 하나도 없다고!"라며 짜증을 부린단다. 그래서 놀지 못하게 했더니 이제는 학교가 끝난 후 연락도 없이 집에 오지 않는 일까지 일어났다고 한다. 그때마다 수소문해서 찾아보면 학교운동장이나 동네 놀이터에서 아이들과 놀고 있었다는 것이다. 이 때문에 학원을 빠지는 일도 여러 차례였다. 선우 아빠까지 나서서 선우를 다독이고 야단도 쳤지만 선우는 달라지지 않았고, 결국 상담센터를 찾게 되었다.

놀이치료 시간에 선우는 인형 두 개를 고르더니 "얘네들은 친구예요. 이제 둘이서 놀러갈 거예요"라며 텐트며 간이 의자 등의 캠핑 도구들을 고르더니 여행을 떠나는 시늉을 한다. 여행지에 도착한 아이들은 텐트를 치고 바비큐도 해 먹으며 즐거운 시간을 보내고, 이부자리를 펴고 잠자리에 들 준비를 한다. 그렇게 잠을 청한 지 얼마 안 되어 한 아이가 눈을 비비며 일어난다. "아, 잠을 잘 수가 없어. 저 불빛 때문에." 아이가 가리킨 곳을 따라가자 산꼭대기(사실은 놀이치료실 책상 위였지만 아이는 그곳을 산이라고 칭했다)에 경찰서가 있고 경찰서 옆에는 커다란 서치라이트가 아이들이 있는 곳을 비추고 있다. 선우는 나를 보며 말했다. "저기서 계속 우릴 감시하고 있어요. 저건 꼭 엄마 눈 같아!"

선우뿐 아니라 초등학생들 중엔 하교 후 곧장 집으로 들어오지 않아서 부모와 갈등을 빚는 경우가 꽤 있다. 이러한 아이들은 대략 두 부류로 나뉘는데, 첫 번째는 방임 가정에서 자란 아이들이다. 부모가 아이의 일과에 무심하다 보니 자기 하고 싶은 대로 놀고 싶을 때 놀고 들어가고 싶을 때 집에 간다. 이러한 방임은 아이의 자기조절력을 키워주지 못하는 최악의 양육 태도이다. 두 번째 부류는 지나치게 제한이 많은 가정에서 자란 아이들로 평소 부모의 과잉보호나 간섭, 잔소리가 많을 때 아이는 부모의 눈을 피해 자기만의 자유를 느끼려고 한다. 유치원 때는 아직 어리기도 했고, 등하원을 모두 어른들이 관리하기 때문에 일탈의 여지가 없었다면 초등학생은 마음만 먹으면 가능하다. 학교 입학 후 적응 기간 동안은 부모가 등하교를 도와주지만 대개 두세 달이 지나면 아이 혼자 등하교를 하게 되는데, 이때부터 문제가 생기기 시작한다. 초등학교 시기가 되면 유치원 때보다 또래와 함께하고자 하는 욕구가 훨씬 많아지기 때문에 만일 평소에 또래와 어울릴 수 있는 기회가 적거나 부모가 이를 제한하게 되면 아이는 어떻게 해서든 또래와 함께할 기회를 엿보게 된다. 또래 욕구가 높은 아이는 학교가 끝난 후 운동장에서 놀고 있는 아이들을 보면 집으로 향하던 발걸음을 돌려 그 아이들에게 다가갈 것이다. 선우가 바로 두 번째 부류에 속하는 아이였다.

선우는 부모의 사랑을 듬뿍 받고 자란 아이로 부모와의 유대감 또한 튼튼하다. 지금도 선우는 부모를 여전히 사랑하지만 선우는 계속 성장하고 있는 중이다. 제대로 잘 성장하기 위해서는 부모로부터 서서히 독립해나가야 하며, 이러한 독립을 돕는 것이 또래라는 것을 선우는 말하지 않아도 본능적으로 알고 있기에 또래와 함께하는 시간을 갖고 싶은 것이다. 아이가 성장하면서 자유와 독립을 갈망하고 부모보다 또래에게 관심을 보이는 것은 결코 잘못된 것이 아니며, 이런 모습을 보인다고 해서 부모와의 관계가 틀어진 것도 아니다. 좋은 부모라면 아이가 이제 서서히 부모의 품에서 벗어나 날갯짓을 시작하고 있음을 받아들여야 하며, 더 힘차게 날갯짓을 할 수 있도록 부모의 품을 더 넓게 벌려주어야 한다. 그리고 이제 아이가 충분히 혼자의 힘으로 날 수 있다고 생각될 때 부모는 한 발짝 뒤로 물러나 아이의 비상을 지켜보면 된다.

선우는 이제 조금씩 날개를 푸드득거리는 연습을 하는 단계이다. 아직 혼자 날 수는 없다. 그러니 여전히 부모의 보호는 필요하다. 이제 부모가 해야 할 일은 어디까지 아이의 자유와 욕구를 존중하고 어디부터 제한을 두어야 할지를 정하는 것이다. 이를 위해 친구들과 놀고 싶은 아이의 마음을 수용, 공감해주고 언제, 어디서 함께하는 게 좋은지 아이와 논의하는 시간을 가져야 한다. 선우가 "그때는 놀 애들이 없다고!"라고 한 말을 주의 깊게 새겨들어야 한다. 선우와 다른 아이들의 방과 후 학원 스케줄이 달라 선우가 시간이 날 때는 함께할 친구들이 없다면 진지하게 선우의 학원 스케줄을 조정하는 것도 고려해야 한다. 선우는 놀이터에 가는 것 자체가 목적이 아니라 친구와 함께하고픈 것이 목적이라는 것을 기억하자. 아무리 놀이터에 가서 놀 수 있는 시간이 많아도 함께 놀 친구들이 없다면 선우는 학원을 땡땡이치거나 수업을 마친 후에도 학교 운동장에 남아 다른 아이들 곁을 기웃거리게 될 것이고 이것은 앞으로 더 큰 문제가 될 수 있다.

그렇다고 무조건 아이가 원하는 대로 해주는 것도 곤란하다. 몇 시에는 누가 학원에 안 가니 걔랑 놀아야 하고, 또 몇 시에는 다른 애랑 놀아야 한다며 하루 종일 늦게까지 놀려고 한다면 분명히 제한을 해야 한다. 반드시 지켜야 할 일과는 지켜야 하지만 아이에게 주어진 자유 시간은 재량껏 사용할 수 있도록 한다. 물론 자유 시간 동안에도 하면 안 되는 제한들이 있을 수 있다. 아이가 친구들과 놀 때도 가지 말아야 하는 장소가 있고, 하면 안 되는 행동도 있다. 아이에게 자유를 주지만 기본 규칙을 지키는 범위 내에서라는 분명한 원칙이 있어야 하고, 아이에게 분명히 전달해야 한다. 이러한 과정은 아이와의 충분한 대화를 통해 이루어져야 한다. 일방적으로 부모의 뜻을 강요하는 것이 아닌 최대한 원칙을 어기지 않는 선에서 아이의 욕구를 충족시켜줄 수 있는 방안을 함께 모색하고자 협력해야 한다.

만일 아이가 A라는 친구와 놀고 싶어 한다고 가정해보자. 그런데 A와는 평일에는 피아노 학원 때문에 함께 놀 시간을 맞추기가 어렵다. 하지만 이미 B와의 놀이 시간을 맞추느라 피아노 학원 시간을 바꾼 상태이다. A와 B 모두와 시간을 맞추려면 피아노 학원은 저녁 늦게 가는 수밖에 없다. 그렇게 되면 숙제, 저녁 식사, 취침 등 오후 일과가 모두 뒤로 밀려난다. 기본 하루 일과를 지키는 것은 매우 중요하므로 친구들과 놀기 위해 기본 일과를 엉망으로 만드는 것을 용납해서는 안 된다. 아이에게 이 사실에 대해 말한 후, 놀이가 가능한 시간대에서 아이가 선택할 수 있는 몇 가지 안을 제시해주거나 아이가 낸 제안들 중에서 아이가 결정하고 선택할 수 있게 한다. 평일에는 A와 B 친구 모두와 함께 노는 것은 각자의 스케줄을 고려할 때 어렵다는 것을 인지시킨 후, 평일에 놀 친구를 고르게 하고, 다른 친구와는 주말에 놀 수 있는 방안에 대해 이야기해볼 수 있다. 만일 친구들이 하는 과외 활동에 관심이 있다면, 과외 활동을 함께하는 것도 또래 욕구를 충족하는 좋은 방안이 될 수 있다. 이처럼 부모가 일방적으로 결정해서 통보하는 것이 아니라 비록 제한은 있지만, 제한 내에서도 자신이 선택할 수 있는 것들이 있을 때 아이들은 자신이 자신의 삶에 대한 통제권이 있는 주체적인 존재라고 여기게 된다. 그리고 아이들은 자신이 결정 과정에 참여했을 때 약속을 더욱 잘 지키는 경향이 있다.

스스로 선택하고
책임지는 힘 키우기

자립심이 있는 사람은 자기가 스스로 결정하고 선택하는 만큼 그에 따른 결과에 대한 책임도 질 줄 안다. 결정은 자기가 하면서 결과가 좋지 않을 때 남에게 책임을 미루는 것은 미숙한 사람들이 주로 하는 행동이다. 불행히도 이러한 미숙한 행동은 부모에게 과보호를 받는 외동아이들에게서 자주 발견된다. 자신이 하겠다고 우겨서 시작하고는 잘되지 않으면 던져놓고 가버리고 뒤치다꺼리는 부모가 맡는 것이다. 이렇게 되면 시작은 잘하지만 끝마무리를 제대로 하지 못하고 결과가 좋지 않을 땐 부모 탓을 하는 무책임한 아이로 자라기 쉽다. 책임감 있는 아이로 키우려면 부모는 아이에 대한 지나친 간섭이나 강요를 자제하고 아이가 스스로 해볼 수 있는 기회를 충분히 제공하며 결과 또한 책임질 수 있도록 지도해야 한다. 이를 위해 부모는 아이를 기다려줄 수 있어야 한다. 아이들은 결정하고 선택을 하기까지 성인보다 더 많은 시간이 필요하다. 아이에게 생각할 시간을 주지 않고 조급한 마음에 "이건 어때? 이게 좋겠네. 이거로 해"라며 빨리 결론을 내라고 부모가 종용하게 되면 아이는 자신의 생각과는 다른 선택을 하게 될 수 있다. 이렇게 자신의 뜻과 다른 결정은 잘 지키지도 않는다. 아이가 결정과 선택을 쉽게 하지 못한다면 함께 고민해주고 여러 가지의 가능성에 대해 이야기를 나눠보는 것은 좋다. 하지만 이때도 최종 결정은 아이의 몫임을 잊지 말아야 한다.

어릴 적 딸아이를 키울 때의 일이다. 마트에 장을 보러 가면서 아이에게 장난감을 하나 사주겠다고 약속했다. 아이는 장난감 코너에서 이것저것 살펴보더니 두 개의 장난감을 최종 후보로 골랐는데 그중에서 하나를 고르는 게 쉽지 않은 듯 연신 내게 "엄마, 이게 더 좋을까? 저게 좋을까?", "엄마는 어떤 게 더 좋아 보여?"라고 물었다. 그러더니 "엄마, 두 개 다 사면 안 돼?"라며 나를 보았다. 이제 아이에게 확실히 제한해야 할 것은 제한하며 아이의 선택을 격려해야 할 순간이다.

“오구, 이것도 맘에 들고 저것도 맘에 들어서 하나만 고르는
게 힘든 것 같네.”

“응, 엄마. 둘 다 너무 좋아. 둘 다 사줘.”

“그런데 어쩌지? 오늘은 장난감을 하나만 사기로 했잖아. 그
러니 아쉬워도 하나만 고르자. 좀 더 마음에 드는 게 어떤 건지
잘 생각해보렴.”

“몰라. 엄마는? 엄마는 어떤 게 더 좋아?”

“음……. 엄마 생각엔 이건 우리집에 없는 장난감이어서 새
로워서 좋은 것 같고, 이건 집에 비슷한 게 있긴 하지만 네가 좋
아하는 장난감인 데다가 꽤 귀엽네. 새로운 걸 사느냐 좋아하는
걸 사느냐 그 문제인 것 같네. 근데 이건 엄마 생각이고, 지금은
엄마 생각보다 네 생각이 더 중요한 것 같은데? 이건 네 장난감
이니까.”

“아잉! 못 고르겠어!”

“고르는 게 쉽지 않지. 엄마도 지난번 옷 사는데 너처럼 맘에
드는 게 두 개가 있어서 결정하느라 힘들었어. 두 개 다 사고 싶
었지만 그러면 돈이 너무 많이 드니까 그럴 순 없지.”

“힝, 나 지금 너무 힘들어. 엄마가 골라주면 좋겠는데.”

“고르는 게 힘든 일이긴 하지만 그래도 우리 딸 기특하다. 힘
들다고 아무거나 고르지 않고 어떤 게 더 좋을지 열심히 생각하
잖아. 아직 생각할 시간은 충분해. 10분 동안 더 생각해보고 그때

까지 결정을 못 하겠으면 다음 주에 우리 또 마트 오니까 그때 사면 되지, 뭐. 엄마가 10분 동안 기다려줄게.”

거의 10분이 다 되어갈 즈음 딸아이는 흥분된 목소리로 “엄마, 나 이거 골랐어!”라며 장난감을 집어 들었고, 집으로 돌아오는 내내 자신이 왜 그것을 골랐는지에 대해 내게 열정적으로, 그리고 자랑스럽게 설명하기 시작했다. 그때 아이가 선택했던 그 장난감 강아지는 우리집에 와서 ‘토토’라는 이름이 붙여졌고, 20여 년이 지난 지금까지도 여전히 아이 방에 있다.

때로는 아이의 선택과 결정이 부모에게는 미흡하게 느껴질 때도 있다. 아이에게 선택의 기회를 주었지만 ‘답정너(답은 정해져 있고 너는 대답만 하면 돼)’ 식의 부모들도 있다. 이것처럼 아이를 맥 빠지게 하는 것도 없다. 기껏 고민해서 자기 생각을 말했는데, “아니, 그건……” 하면서 “이렇게 하는 게 훨씬 낫잖아, 그치?”라며 부모의 생각을 밀어붙이면 아이는 ‘그럴 거면 왜 물어봤지?’, ‘어차피 안 될 텐데’라며 자기 스스로 해보려는 생각 대신 무기력함에 빠질 수 있다. 비록 아이의 선택과 결정, 의견이 부모에게는 부족하다고 느껴져도 아이의 생각을 존중해주어야 한다. 또한 발달에 해가 되거나 사회적 규칙이나 규범을 어기는 것이 아니라면 아이 스스로 해보며 무엇이 부족한지 알 수 있는 시행착오의 시간도 주어야 한다. 너무 미리 부모가 알려주고 이끌고, 작은 난관이 있을 때조차도 즉시 개입하면 아이는 노력을 통해 알아내려 하지 않고 부모에게 모든 걸 맡겨버리고 무엇이 문제인지조차 알지 못하게 된다.

　상담을 시작할 때 아이의 상태를 보다 빨리 파악하기 위해 가족놀이 평가를 할 때가 많다. 부모와 자녀가 함께 놀이하는 모습을 보며 아이와 부모의 행동과 관계를 살펴서 문제의 유무와 정도, 원인 등을 파악하는 과정이다. 이때 스스로 제대로 하는 것이 없고 조금만 안 되면 내던지듯 부모에게 미루는 아이들이 있다. 새로운 놀잇감을 보면 스스로 탐색할 생각은 하지 않고 보자마자 "엄마, 이거 뭐야?"라고 묻거나, 조작을 해보지도 않은 채 아빠에게 내밀며 "이거 어떻게 하는 거야?", "이거 해줘!"라며 맡긴다. 부모는 아이의 이런 행동이 매우 익숙한 듯 별다른 말없이 해결한 후 아이에게 답을 말해준다. 아이 역시 부모가 문제를 해결하는 과정은 보지도 않은 채 다른 것을 하며 "엄마, 다 했어?"라고 묻는 게 고작이다. 본디 학습을 해나가는 과정은 답만 맞추는 게 아니라 답을 찾아가는 과정이 더 중요한 것인데, 이를 쏙 건너뛰고 답만 알려고 하는 안타까운 모습이 펼쳐진다. 또 다른 경우는 아이는 스스로 해보려고 하는데 부모가 이를 훼방 놓기도 한다. 아이에게 바짝 붙어 앉은 부모의 손이 아이가 만지고 있는 놀잇감 근처에 와 있다. 아이가 잠시 머뭇거리기라도 하면 "왜, 안 돼?"라며 부모의 손이 얼른 놀잇감을 낚아챈다. 이러한 행동에 저항하는 아이도 있지만 그냥 포기하고 무기력하게 돌아서는 아이들도 많다. 이런 아이들은 시간이 지나면 자기 스스로 시도조차 하지 않고 부모에게 미루며 잘못된 결과는 모두 부모 탓으로 돌린다. 이런 부모에게는 아이와 놀이할 때 영상 촬영을 해보라고 권한다. 지나치게 밀착되어 있는 자신의 모습을 보게 되면 늘 아이를 향해 있던 그 손을 거둘 수 있기 때문이다.

아이들보다 발달 수준이 훨씬 높은 성인들에겐 아이가 답을 찾아가는 과정이 꽤 답답하고 안타깝게 느껴질 수 있다. 하지만 아이들은 들었을 때보다 보았을 때, 또 그보다 직접 해봤을 때 가장 잘 배운다는 사실을 꼭 기억하자. 실수와 실패를 통해서도 아이들은 교훈을 얻는다. 아이들이 직접 해보며 시행착오를 겪는 과정은 결코 시간낭비가 아니라 소중한 배움의 시간이다. '내가 이렇게 했을 때 이런 결과가 나오는구나. 아! 저렇게 하면 또 저렇게 되는구나!'를 알아가며 아이들은 자신의 행동에 책임져야 한다는 것을 배운다.

아이가 잘못했을 때도 일방적인 잔소리나 처벌 대신 자신의 행동에 대해 책임질 수 있는 방식으로 훈육하는 것이 좋다. 이러한 훈육 방식을 '결과 사용하기'라고 한다. 여기서 말하는 '결과'란 자녀가 내린 선택의 결과를 말한다. 예를 들어 아이가 식탁에서 밥을 스스로 먹지 않는다고 해보자. 밥을 먹지 않기로 선택한 아이에게는 '배고픔'이라는 결과가 발생한다. 식욕은 인간의 기본 욕구이기 때문에 배고픔은 아이에게는 꽤 치명적인 결과가 된다. 배고픔을 체험한 아이는 다음 식사시간에는 스스로 밥을 먹게 된다. 이처럼 아이의 잘못된 행동 중에는 부모가 굳이 잔소리나 처벌을 하지 않아도 자연적으로 결과를 제공하는 것들이 있다. 밥을 스스로 먹지 않은 아이에게는 배고픔이, 눈사람을 만드는 데 장갑을 끼지 않은 아이에게는 손 시림이 아이가 내린 선택의 결과로 다가온다. 축구를 하러 나가면서 운동화 대신 슬리퍼를 신겠다고 했을 때도, 외출할 때 장난감을 잔뜩 갖고 나가겠다고 할 때도 부모 마음은 답답하지만, 그 답답함만 잘 견뎌내면 자신의 잘못된 선택으로 인한 불편함은 오롯이 아이 몫이 되어 자신의 행동에 대해 반성하며 교훈을 얻게 된다.

아이가 잘못된 선택을 해도 아이에게 크게 불편을 주는 결과가 즉각 나타나지 않는 경우들도 많다. 양치를 하지 않거나 하루 종일 게임을 해도 바로 이가 썩거나 눈이 나빠지지는 않는다. 이럴 때는 부모가 결과를 알려줘야 한다. 이러한 결과는 상식에 맞게 합리적인 것이어야 하며, 아이에게 "이런 행동을 하면(혹은 하지 않으면) 이런 결과를 얻게 될 것이다"라는 사실을 분명하게 알려주어 아이가 올바른 선택을 할 수 있도록 이끌어주어야 한다. 우리는 아이가 잘못된 행동을 하게 된 것은 '나쁜 아이'이기 때문이 아니라 '잘못된 선택'의 결과임을 알아야 한다. 만일 아이가 자신의 행동이 어떤 결과를 초래할지 알게 된다면 보다 올바른 선택을 하게 될 것이다. 아이에게 킥보드를 사주고 킥보드를 탈 수 있는 장소를 알려주었는데 아이가 그 장소가 아닌, 타면 안 되는 곳에서 킥보드를 탔다고 해보자. 이때 부모가 사용할 수 있는 결과는 정해진 장소가 아닌 곳에서 탔을 경우에 일어날 수 있는 일들에 대해 설명하고 안 되는 이유를 알려주는 것이다. 아이에게 선택권을 주는 것이 중요하므로 부모는 위험한 장소에서 타는 아이를 멈추게 한 후, 이곳에서 타면 안 되는 이유를 간단히 설명해주고 허용된 장소에서 킥보드를 타든지, 아니면 다른 놀이를 하라고 말한다. 이제 아이가 선택할 차례이다. 만일 아이가 정해진 장소가 아닌 곳에서 또 킥보드를 타려 한다면 부모는 아이에게 다가가 아이 마음을 비난 없이 수용해준 후 고지했던 결과를 시행한다. "내리막길에서 킥보드를 타는 게 재밌나 보구나. 아쉽지만 이제 킥보드를 엄마에게 돌려주렴. 엄마가 말했던 것처럼 이곳에서는 킥보드를 타고 놀 수가 없어. 다치기 쉬운 곳이거든. 자, 이제 다른 놀거리를 찾아보렴"과 같이 말해주면 된다. 물론 부모가 이렇게 말했을 때 모든 아이들이 순순히 말을 듣는 것은 아니다. 거칠게 저항하고 떼를 쓰는 아이들도 있다. 그렇다고 부모가 아이 요구를 들어주거나 체벌해서는 안 된다. 이러한 떼나 반항 역시 타임아웃과 같은 결과 사용하기를 통해 다루면 된다(145~146쪽 참고).

즐길 거리 스스로
찾게 하기

"이번 주말엔 어디로 놀러 가야 하나?", "비 와서 밖에도 못 나가는데 집에서 뭘 하고 놀아야 하나?" 어린아이를 키우는 부모들의 최대 고민 중의 하나는 아이가 즐길 거리를 찾는 것이다. 중학교 기술 가정 교과서에도 '오락과 여가의 기능'이 현대사회 가족의 중요한 기능 중의 하나임을 명시하고 있는 만큼 "뭘 하며 놀까? 뭘 하면 우리 아이가 즐거워할까?"에 대해 부모들이 고민하는 것은 당연한 일이다. 또 아직 아이들의 경험과 지식 수준은 성인에 비해 한참 미흡해 여행지를 고르고 체험 활동을 찾는 것은 부모가 해야 한다. 하지만 집에서 할 수 있는 놀이까지 일일이 부모가 골라주는 것은 적절하지 않다. 부모는 아이와 함께 놀이하는 시간을 반드시 가져야 하지만 항상, 모든 순간 아이와 놀아줄 필요는 없다. 아이는 스스로 놀 거리를 찾고 혼자 놀 수도 있어야 한다.

"우리 아이는 혼자서는 못 놀아요. 늘 놀아달라고 하죠."

"왜 혼자서는 놀지 못하는 걸까요?"

"아이가 심심하다고 하면 가슴이 철렁 내려앉아요. 오늘은 또 뭘 하고 놀아줘야 하나 고민되니까요."

이와 같은 하소연을 하는 부모들 대부분은 육아에 매우 열심이다. 아이의 기분을 세심히 살피며 아이가 즐겁고 행복한 어린 시절을 보낼 수 있도록 최선을 다한다. 그래서 아이가 조금이라도 심심해하거나 지루한 기색이 보이면 얼른 즐길 거리를 찾아내 아이의 무료함을 달래주려고 노력한다. 외동아이를 둔 부모는 아이의 외로움이나 무료함에 좀 더 예민하다. 외동아이라 형제자매가 있는 아이들보다 외롭고 심심할 것 같은 데다 아이를 하나만 낳기로 한 것은 이 아이에게 전념해 행복하게 잘 키우고 싶은 마음이 크기 때문이다. 그런데 아이가 심심해할 때마다 부모가 즐길 거리를 찾아 대령하게 되면 아이는 조금만 심심해도 짜증을 내며 부모에게 "놀아줘", "장난감 사줘", "동영상 보여줘"라며 보채고 불평한다. 시간을 즐겁게 보내는 것을 모두 부모에게 의존하는 아이가 되어버린 것이다. 이런 아이는 좀 더 크면 부모에게 더 이상 놀이를 요구하지는 않지만 TV나 유튜브, 게임과 같은 미디어에 많이 의존할 수 있다. 의존성이 높은 아이는 스스로 놀거리, 즐길 거리를 생각해내는 대신에 이러한 미디어들이 일방적으로 내보내는 자극적인 콘텐츠로 자신의 여가 시간을 채운다. 이제 미디어가 부모 자리를 대신하게 된 것으로, 심하면 미디어에 집착하고 중독될 수 있다.

자신이 해야 할 일을 스스로 하는 것과 함께 즐겁게 시간을 보내는 법을 찾아내는 것도 아이의 건강한 여가생활뿐 아니라 독립심 발달을 위해 필요하다. 아이들이 처음부터 스스로 놀 거리를 찾을 수 있는 것은 아니다. '아는 만큼 보인다'는 말처럼 아이들도 아는 게 있어야 놀 만한 것을 찾아낼 수 있다. 그래서 부모가 아이에게 다양한 놀이 방식을 보여주는 것은 중요하다. 그리고 아이가 자신이 하고 싶은 놀이를 스스로 찾고 시작할 수 있도록 돕는 일 또한 매우 중요하다. 부모가 앞서서 놀이를 바로 제공하기보다, 아이가 주변을 살피고 선택해보도록 이끄는 과정이 필요하다. 이렇게 하려면 부모는 먼저 아이의 "심심해"라는 말에 너무 불안해하거나 미안해하지 않아야 한다. 아이가 아무것도 하지 않는 것을 나쁜 것으로 생각하고 심심함을 시간낭비라고 생각하거나 아이를 심심하게 만든 것이 부모의 잘못이라 자책하지 말자. 심심함은 시간을 어떻게 보내야 할지 모를 때 느끼는 기분으로 나쁜 것만은 아니다. 의외로 심심함은 아이의 발달에 도움을 주기도 하는데, 먼저 '심심함'은 아이의 뇌에 휴식을 선사한다. 수면이 피로한 뇌의 회복에 필수적인 것처럼 적당한 빈둥거림, 아무것도 하지 않는 심심한 상태 역시 뇌를 잠시 쉬게 해주어 더 나은 뇌 상태를 유지하게 도와준다. 또한 '심심함'은 아이의 창의력과 자기주도적 역량 발달의 중요한 촉매제가 되어주기도 한다. 뇌가 한창 발달하는 아동기에는 가만히 있지 못하기 때문에 심심함을 견뎌내는 게 어렵다. 그러다 보니 아이들은 놀 것, 할 것을 스스로 찾아내야만 한다. 이 과정에서 뇌 발달에 필수적인 시냅스가 활성화되고 아이의 창의력과 자기주도성이 높아지는 일석삼조의 효과를 얻게 된다. 아이가 평소에 너무 텔레비전만 보려고 해서 텔레비전을 치웠더니 처음에는 할 게 없다며 심하게 짜증을 냈지만, 다른 놀거리를 찾고는 더이상 텔레비전을 찾지 않게 되었다는 이야기를 들어본 적이 있을 것이다. 아이들은 아무것도 안 하고 지내는 것이 어렵기 때문에 결국은 무언가를 한다. 만일 부모가 아이에게 주변에서 할 만한 것을 찾을 수 있게 도와주고 스스로 찾아낸 아이에게는 긍정적인 관심과 격려를 보내준다면 아이는 자신의 여가 시간을 위해 부모나 미디어에 의존하는 수동적인 자세에서 벗어나 보다 적극적이고 주도적으로 자기의 삶을 꾸려나갈 수 있게 될 것이다.

그렇다면 부모는 어떻게 아이를 도울 수 있을까? 아이가 심심하다고 보채자마자 텔레비전을 틀어주거나, 스마트폰을 주기보다는, "뭘 하면서 시간을 보내면 좋을지 한번 생각해볼래?" 하고 스스로 생각할 수 있는 여지를 건네보자. 물론 아이는 당장 무엇을 해야 할지 떠오르지 않아 소파에 누워 천장을 바라보거나 바닥에서 뒹굴거릴 수 있다. 그러다 천장에서 공룡을 닮은 작은 얼룩을 발견하기도 하고, 소파 밑에서 예전에 잃어버렸던 장난감을 발견할 수도 있다. 심심하지 않았다면 관심을 갖거나 찾지 않았던 것들을 관찰하고 탐색하며 이런 것들을 가지고 무엇을 할까 적극적으로 생각하기 시작한다. 이때 부모는 아이가 심심함에서 벗어나기 위해 시작한 것에 대해 적극적으로 반응해주어야 한다.

만일 아이가 "엄마, 저기 천장에 저 얼룩, 꼭 스테고사우루스 같지 않아?"라고 했다면 "어디, 어디? 와, 정말이네! 우리 집 천장에 미니 공룡이 살고 있었잖아!"라며 흥미를 보여준다. 필요하다면 한술 더 떠서 반응해줄 수 있다. "어디 보자, 엄마가 보기엔, 저 스테고사우루스가 뒤를 돌아보는 것 같아. 뒤에 누가 따라오고 있나?"처럼 상상 한 스푼을 섞어서 말해줄 수 있다. 이러한 말 한마디에 아이의 상상력은 폭발하기 시작한다. "어? 진짜? 나도 그런 것같이 보이네. 고개가 뒤로 돌아간 것 같아. 뭘 보는 거지? 아! 엄마, 저기 봐봐. 저기 뒤에…… 동그란 얼룩 보여? 동그란데 뾰족 튀어나온 게 있지? 그건 말야. 티라노가 스테고사우루스를 잡아먹으러 빨리 가려고 몸을 공처럼 말아서 굴러가는 거야. 저기 뾰족 튀어나온 게 티라노 발톱이다!" 아이의 상상 이야기를 들어주며 부모는 "좀 전에는 할 게 없다고 심심해했는데, 지금은 천장을 보며 놀거리를 찾아냈구나. 천장에 있는 얼룩들로 재미있는 이야기를 만들어냈네. 또 어떤 재미를 찾게 될지 엄마도 기대되네"라며 아이를 칭찬하고 격려해주는 것도 잊지 않는다. 무엇을 할지 막막해하는 아이라면 부모가 약간의 힌트와 가이드를 주어도 좋다. "이거, 엄마가 분리배출하려고 모아놓은 건데, 이 중에서 갖고 놀만한 것 있으면 골라 써도 돼!", "좀 전에 엄마 재활용장에 갔는데 커다란 세탁기 박스가 있더라. 그걸로 집도 만들 수 있고, 자동차나 로봇도 만들 수 있겠던데?"라며 아이의 흥미와 호기심을 끌 만한 재료나 활동들을 소개해줄 수 있다. 이때도 구체적으로 콕 집어 "이것을 해봐"가 아닌 아이가 스스로 생각하고 결정할 수 있게 큰 범위 내에서 가이드를 해준다.

일과 활동
스스로 하기

외동아이가 주인공인 드라마를 보다보면 가끔 나오는 대사가 있다. "사부인, 우리 애가 외동으로 커서 할 줄 아는 집안일이 없네요.", "손에 물 한 번 묻히지 않고 키웠어요." 외동아이가 적었던 과거에는 이런 말들이 귀하게 자랐다는 뜻으로 전달되겠지만 지금처럼 두 집 걸러 한 집이 외동인 세상에서는 더 이상 통하지 않는다. 이제 이런 말을 하면 아마 "그래서, 뭐 어쨌다는 건데요? 누군 외동아이 아닙니까? 세상의 반이 외동아이인데 그럼 일은 누가 합니까?"와 같은 핀잔을 듣게 될지도 모른다.

자기가 해야 할 일은 스스로 할 수 있고, 생활에 필요한 집안

일을 할 수 있는 능력은 아이가 독립적으로 살아가는 데 꼭 필요한 것이다. 부모는 아이의 성장 발달에 맞추어 생활 능력을 갖출 수 있도록 연습시켜야 한다. 유아기 동안 아이들은 스스로 씻고 입고 먹으며, 용변 뒤처리를 하는 법을 배워야 하고 어린이집이나 유치원과 같은 기관 생활을 시작하게 되면 하원 후 가방에서 도시락 통을 꺼내놓고, 놀고 난 뒤 장난감을 정리하는 습관을 갖게 해야 한다.

이러한 일은 몇 번의 지시와 연습으로는 이루어지지 않는다. 어린아이들은 잘 해보려고 하지만 아직 신체나 인지가 미숙하고 서툴기 때문에 실수가 많고 어설프다. 또한, 세수하고 양치하는 것, 장난감 정리정돈하는 것 등은 아이들 입장에서는 귀찮기만 하고 왜 해야 하는지 잘 이해되지 않기 때문에 미루는 경우가 많다. 올바른 생활 습관을 길러주는 것은 결코 쉬운 일이 아니다. 자기는 씻었다고 하는데 얼굴에 여전히 비누거품이 남아 있거나 엉망진창이 되어 있는 욕실을 볼 때, 치운 건지 던져놓은 건지 구분이 안 되는 장난감들을 볼 때 부모는 스트레스를 받기도 한다. 잔소리와 실랑이 끝에 결국 부모가 나서서 씻는 걸 돕고 다시 정리를 하면서 '이럴 바에 그냥 내가 하는 게 속 편하지'라는 생각이 들기도 할 것이다. 특히 외동아이 부모는 다자녀 가정에 비해 이런 유혹을 더 강하게 느낄 수 있다. '하나인데 뭐, 그냥 내가 후딱 해버리자. 그게 시간도 덜 들고, 아이랑 실랑이할 필요도 없으니까'라며 씻기고 입히고 방 정리를 대신 해준다. 맞벌이 가정도 늘 시간에 쫓기기 때문에 아이의 일을 대신 해주는 경우가 많다. 하지만 이는 아이를 위한 것이 아니다. 아이에게 자신의 신변 처리를 하게 하고, 정리정돈을 시키는 것은 아이에게 일을 시키는 게 아니라 일상생활을 안전하고 편안하게 할 수 있는 법을 익히게 하는 일종의 학습 과정이다. 이를 제대로 배우지 못한 아이는 스스로 생활을 해나가는 데 불편함을 갖게 된다.

어린아이들이 신변 처리와 같은 자조 기술을 익히기 위해서는 대소근육의 발달이 필수적이다. 밥을 스스로 먹기 위해서는 엄지와 검지를 이용해 물건을 잡고, 잡은 물건을 입으로 집어넣을 수 있는 감각 운동 협응력이 필요하며, 용변을 가리려면 대소변 조절 관련 근육을 통제하는 능력이 발달되어야 한다. 부모는 아이들의 발달 상태를 살펴서 아이가 할 수 있는 것과 할 수 없는 것, 조금 도와주면 해낼 수 있는 것들이 무엇인지 알아보고, 할 수 있는 것들은 스스로 해보도록 적극 격려해준다. 또 조금 도와주면 해낼 수 있는 것들에 대해서는 충분히 연습할 기회를 제공한다. 대부분의 아기들은 생후 18개월이 되면 대소변을 조절하기 위한 근육을 발달시킨다. 이때부터 서서히 배변훈련을 시작하는 게 좋다. 생후 6~8개월의 아기는 엄지와 검지를 이용해 물건을 잡을 수 있고, 10개월이 되면 작은 물체를 집을 정도의 소근육 발달이 이루어져 국수나 과자를 스스로 집어 먹을 수 있다. 더 월령이 높아지면 숟가락이나 포크, 젓가락까지 사용할 수 있게 한다. 아이들이 능숙하게 수저를 사용하기까지는 몇 년의 시간이 걸린다. 서툴더라도 스스로 해볼 수 있게 기다려주고 조금씩 능숙해지는 아이에게 칭찬해주면 모든 아이들은 잘 해낼 수 있고 자율성이 발달된다. 부모가 너무 빨리 도와주거나 대신 해주거나 서툴다고 비난하면 아이는 자신의 능력에 대해 수치심을 갖게 되어 스스로 해보려고 하기보다는 매사 부모에게 의존하고 미루게 될 수 있다.

아이들이 커나가면서 스스로 해야 할 일과 도와야 할 집안일도 점차 늘어나게 된다. 초등학생이 되면 아이는 스스로 가방을 싸고 학교 준비물을 챙길 수 있어야 한다. 직접 빨래와 설거지는 하지 않지만 속옷과 양말을 빨래바구니에 넣고, 먹고 난 그릇은 싱크대에 넣는 정도는 할 줄 알아야 한다. 중학생 이상이면 자신이 먹고 난 그릇을 설거지하고 운동화를 빨 수 있을 정도는 되어야 하며, 분리수거를 돕거나 화분에 물 주기, 빨래 개기와 같은 집안일도 하게 해야 한다. 이런 일들은 어느 날 갑자기 "이제 다 컸으니까 너도 집안일을 도와야지"라며 일방적으로 명령하는 게 아니라 어릴 때부터 놀이처럼 하는 게 좋다. 사실 어린아이들은 부모가 하는 일에 관심이 많아 온갖 것에 다 참견한다. 엄마처럼 요리를 하고 빨래를 널고 개고 싶어 한다. 이럴 때 부모는 "가만 있는 게 도와주는 거야”, “아휴, 걸리적거리니까 저기 가서 놀고 있어”라고 말하는 대신 아이가 할 수 있는 작은 일거리를 찾아 맡기는 게 좋다. 요리에 필요한 양념을 찾아오게 한다거나 비닐장갑을 끼고 콩나물이나 샐러드를 버무리게 한다. 이 정도는 아이도 할 수 있다. 수건을 개는 법을 알려주어 수건 개기를 담당하게 하거나, 개어놓은 빨래의 주인을 찾아 분류하고 정리하는 일을 맡겨도 된다. 이런 일을 할 때마다 부모는 잊지 말고 칭찬하며 이 일이 부모에게 얼마나 도움이 되는지 분명하게 말해주어야 한다. 사실 아이들은 부모를 돕겠다는 생각보다 집안일이 재밌게 보여서 해보겠다고 하는 것이다. 그래서 한 번 해보고 말 때가 많기 때문에 부모는 그런 일들을 지속적으로 할 수 있게 격려하는 것이 필요하다. 처음에는 부모에게 실질적인 도움이 되지 않을 수 있지만, 하다 보면 분명히 더 잘하게 된다. 부모는 나아진 부분에 대해서도 칭찬해준다. “와, 지난번보다 수건을 더 예쁘게 개었구나. 이번이 두 번째인데 그새 실력이 늘었는걸!”, “빨래 개는 것을 도와줄 마음을 갖다니 우리 딸 마음씨가 정말 따뜻하구나”, “고마워, 아들! 네가 도와줘서 집안일을 빨리 끝낼 수 있었단다”와 같은 긍정적인 피드백을 잊지 말자.

집안일을 함께하는 것은 가족의 유대감을 강화시키는 데도 도움이 된다. 집안 대청소나 자동차 세차, 김장하기와 같은 일들은 가족이 다 함께 참여하면 좋다. 일을 할 때는 가족회의를 통해 어떤 일을 하고 싶은지, 혹은 할 수 있는지 이야기를 나누며 각자의 역할을 정한 후 일을 시작해야 마찰이 적다. 일을 할 때는 서로 대화도 주고받고 가벼운 장난도 치고 돕기도 하며 가족이 함께하는 시간을 갖는다. 일을 마쳤으면 그 기념으로 즐거운 시간을 마련해보자. 맛있는 것을 먹는 것도 좋고, 놀이 시간을 가져도 좋다. 대청소를 마친 후 삼겹살 파티를 하거나 모두 근사하게 차려입고 외식을 하러 갈 수도 있다. 세차를 끝낸 후 반짝거리는 차를 타고 온 가족이 드라이브를 하거나, 갓 담근 김장김치와 수육으로 맛있는 식사를 한 후 가족대항 윷놀이 한 판을 하는 것도 좋다. 이 경험들은 가족의 유대감을 높여줄뿐더러 아이에게 가족의 일원으로서의 긍지도 갖게 한다. 스스로를 쓸모 있고, 유능한 사람이라고 느끼는 것은 아이들의 자립심과 독립성 발달에 필수적이다.

운동 능력
키우기

　자율적이고 독립적으로 행동하기 위해서 꼭 필요한 것 중의 하나가 운동 능력이다. 자신이 원하는 곳으로 가려면 걷거나 기는 등 스스로 이동할 수 있어야 하며, 먹고 싶은 것을 먹으려면 손을 뻗어 집을 수 있어야 한다. 운동 능력이 없을 때 우리는 매사 타인에게 의존해야 하므로 스스로 자신의 몸을 조정할 수 있는 능력은 자립에 필수적이다. 어린아이들이 부모에게 의존적인 것은 이러한 운동 능력이 충분히 발달하지 않았기 때문이다. 스스로 걸을 수 없는 아기들은 전적으로 부모에게 의존한다. 그러다가 제법 잘 걷고 간단한 말도 할 수 있는 두 돌 전후가 되면 아기들은 모든 것을 스스로 해보려고 떼와 고집이 폭발적으로 늘어난다. 부모 입장에서는 아직 서툴고 미숙하기 짝이 없는 아기가 "내가, 내가!"를 외치고 부모가 도와주려 하면 "싫어!"라며 밀쳐낼 때 난감하겠지만, 이러한 고집스런 행동은 이후 독립성 발달에 필요한 자율성을 연습하는 과정에서 나타나는 것으로 지극히 정상적인 것이다. 아기들은 새로 습득한 운동 능력을 이용해 스스로 다양한 시도들을 하는 것이다. 아직은 자신이 어떤 것을 할 수 있고 하면 안 되거나 할 수 없는 것인지를 잘 모르기 때문에 무조건 다 하려고 한다. 이를 제한하는 부모와 마찰을 빚으며 떼와 고집을 부리는 것이지 이상한 아기라서가 결코 아니다.

이 시기에 부모는 아기가 할 수 있는 것들은 해보도록 격려하고, 하면 안 되는 것에 대해서는 부드러우면서도 단호하게 일관성을 갖고 제한을 해주면 대부분의 아기들은 건강한 자율성을 키워나간다. 하지만 아기가 해도 되는 일이나 조금만 도와주면 할 수 있는 일에도 부모가 위험하거나 성가시다거나 하는 등의 여러 이유로 아기의 시도를 번번이 막으면 아기는 결국 스스로 하려는 의욕을 잃게 되어 매사 부모에게 의존하게 된다. "아휴, 아직 혼자서는 못하면서 왜 고집을 부려", "안 돼, 위험해! 큰일 나!", "넌 못해, 할 수 없어!"와 같은 말에는 '너는 그런 일을 다룰 수 있는 능력이 없어'라는 메시지가 담겨 있다. 이런 말을 자주 들은 아기는 자신의 능력에 대한 수치심을 느끼게 된다. 어떤 부모는 아기가 할 수 없거나 하면 안 되는 일을 하겠다고 고집을 부리면 그냥 내버려둔다. 그래서 아기가 위험에 처하게 되거나 실패를 하게 되면 "그것 봐라. 하지도 못하면서!", "네 맘대로 하니까 다쳤지"라며 아이를 탓한다. 이런 태도 역시 아이의 두려움과 수치심을 자극해 부모에 대한 의존성을 높인다. 부모 옆에 붙어서 시키는 대로 해야 다치거나 실패할 일이 없다고 생각해 스스로 행동하기를 포기하기 때문이다. 이렇게 제멋대로 행동하지 않고 부모가 시키는 대로 하면 육아가 편할 수 있다. 하지만 편하다고 생각하는 기간은 기껏해야 몇 년이다. 아이가 좀 더 커서 스스로 해야 할 나이가 되었는데도 매번 "엄마, 이거 어떻게 해?", "엄마, 해도 돼?", "아빠, 이제 나 뭐 해?"라고 물으면 "제발 알아서 해!"라며 소리를 지를지도 모른다.

시후 엄마도 그런 사람 중 한 명이다. 난임 시술로 어렵게 낳은 시후를 애지중지 키우면서 행여 다칠까 하지 못하게 하는 게 꽤 많았다. 미끄럼틀도 타지 못하게 했고, 음식도 까다롭게 골라 먹였다. 아이에게 고를 기회를 주었어도 결국은 "이건 이래서 안 돼"라는 잔소리와 함께 엄마가 정한 것으로 이끌었다. 그래서인지 시후는 초등학교 2학년이 된 지금까지 큰 사건사고 없이 잘 자라주었지만, 문제는 시후가 하루에도 수십 번씩 엄마를 부른다는 사실이다. 사소한 일까지 모두 물어보는데, 심지어 똥을 싸는 것까지 일일이 엄마에게 묻는다. "엄마, 나 똥 마려워", "그럼 싸", "엄마, 나 다 쌌어", "으이구, 닦아!" 이런 식이다.

　　정도의 차이는 있지만 시후처럼 매사 부모에게 의존적인 외동아이들이 꽤 있는데, 이런 아이들 중 상당수가 또래에 비해 운동 능력이 부족하다. 그 이유로는 부모의 과보호나 제한 등으로 유아기 동안 충분히 몸을 움직일 기회를 갖지 못했기 때문이다. 유아기는 여기저기 걷고 뛰고 올라가고 만지작거리며 운동신경을 발달시키고 협응력을 키워야 하는 시기로, 이런 경험이 충분치 않으면 대소근육 및 미세운동 협응력이 제대로 발달하지 않는다. 이러한 운동신경이 발달하지 않으면 아이는 숟가락으로 밥을 뜨고, 운동화 끈을 매고 우유 곽을 여는 게 힘들다. 이런 것들을 스스로 하지 못하기 때문에 아이는 부모에게 의존할 수밖에 없다. 자신의 신변을 처리하고 일상생활을 스스로 할 수 있으려면 충분한 신체 활동을 통해 스스로 몸을 조종할 수 있어야 한다. 걸음마를 시작하면 유모차에 태우는 시간을 줄이고 걷고 움직이는 시간을 많이 주어야 하며, 점차 계단 오르내리기, 점프하기, 매달리기 등 다양한 방식으로 힘을 쓰고 협응력을 익힐 수 있는 도전의 기회도 제공해야 한다. 아이가 할 수 있는 것은 적극적으로 해보도록 응원과 지원을 아끼지 않으며, 아이가 해냈을 때 칭찬을 해주는 것도 잊으면 안 된다. 몸을 많이 쓸수록 근력과 체력, 지구력이 좋아져 스스로 더 많은 것들을 해낸다. 평소 신체 활동이 적어 체력이 부족하면 걷지 않으려 하거나 조금 걷고 금세 "안아줘"를 외치고, 몸이나 손으로 하는 활동도 조금 해보다 쉽게 포기한다. 이런 아이라면 평소에 재미있는 신체 놀이를 자주 해주는 게 좋다.

부모와의
신체 놀이

어린아이들의 근력과 체력, 협응력과 지구력을 높여줄 수 있는 신체 놀이는 정말 많은데, 먼저 '비행기 태우기' 놀이가 있다. 이 놀이는 6개월 이상 유아이면 할 수 있는데 아기를 키우는 가정이라면 한 번쯤은 해봤을 것이다. 엄마나 아빠가 바닥에 등을 대고 누운 후 다리를 공중에 올리고 무릎을 구부려 아기를 엎드려 태운다. 아기의 손을 잡아 균형 잡는 것을 도와주면서 부모의 다리를 위아래와 옆으로 천천히 움직이고, 아기가 즐거워하면 부모의 다리 높이를 바닥 가까이로 낮춘 다음 아기의 손을 살짝 놓아 아기 스스로 균형을 잡을 수 있게 한다. 이렇게 엎드려서 머리, 상체 그리고 팔다리를 동시에 들어올리면 아기의 신경계가 자극을 받는다. 이후 뒤집기, 서기, 걷기에 필요한 근육을 발달시키게 되며 균형감각을 키울 수 있게 된다. 이와 함께 '오프로드 어드벤처' 놀이도 아기들이 중력에 저항하는 힘과 평형감각을 발달시키는 데 도움이 된다. 이 놀이 역시 목 가누기를 완전히 할 수 있는 생후 6개월부터 할 수 있다. 놀이 방법은 아기를 부모의 무릎에 앉히고 아기의 겨드랑이 사이로 손을 넣어 몸을 지탱하게 한 후, 마치 부모가 자동차가 된 것처럼 소리를 내며 무릎을 위아래, 양옆으로 다양한 움직임을 만들어 아기가 스스로 움직임에 맞추어 자신의 신체를 조절하게 하는 것이다.

15개월 이상이라면 '움직이는 에베레스트'와 '장애물 통과하기' 놀이를 해보도록 하자. '움직이는 에베레스트'는 놀이 특성상 아빠가 하는 게 더 좋다. 아이가 다치지 않도록 푹신한 이불을 깔아놓고 그 위에 담요나 얇은 이불을 쓴 아빠가 앉는다. 아빠는 산이 되고 아이는 그 산을 기어 올라간다. 아이가 올라갈 때 조금씩 몸을 움직여 스릴을 높여주고 오르는 것을 힘들어하면 아빠가 이불 속에서 손을 움직여 발을 지지해주며 돕는다. 그렇게 아빠의 어깨까지 올라갔다 내려오는 놀이다.

'장애물 통과하기'는 가구나 이불, 상자 등을 이용해 터널과 장애물을 만들고, 이를 아이가 통과하는 놀이다. 식탁 의자들과 상자들을 마주보게 놓고 그 위에 이불을 덮어 다양한 높이의 터

널을 만들거나 식탁이나 움직일 수 있는 가구들을 배치해 장애물을 설치하고 이를 통과하게 한다.

24개월 이상의 유아는 공을 이용한 다양한 놀이를 해볼 수 있다. 페트병을 볼링핀 삼아 공을 굴리는 '볼링 놀이'나, '신문지 공으로 농구 놀이'를 할 수 있다. 그중에서 '신문지 공 농구' 놀이는 아이와 함께 신문지나 습자지를 구겨 동그랗게 공처럼 만든다. 만든 공으로 굴리고 던지는 놀이부터 시작해 바구니에 공 던지기, 그리고 부모가 바구니를 잡고 움직이면 아이가 움직이는 바구니에 공 넣기까지 아이의 수준에 맞게 난이도를 조절해가며 놀이를 한다. 이 놀이 역시 신체 조절 능력 및 감각운동 협응력 발달에 도움을 준다.

이외에도 이인삼각 경기나 김밥말기 놀이 등도 실내에서 할 수 있는 신체 놀이다. 실외에서는 미끄럼틀, 시소, 그네와 같은 놀이기구를 이용하는 것, 모래 놀이, 공차기, 잡기 놀이를 하며 즐겁게 운동 능력을 발달시킬 수 있다. 그림 그리기, 마카로니를 실에 꿰어 목걸이 만들기, 점토를 이용한 만들기, 장난감 칼로 지점토 자르기 등 눈과 손을 사용하는 실내 놀이를 자주 하는 것도 좋다. 이러한 놀이는 미세운동 협응력을 높여주어 도구 사용에 도움을 준다.

사회성
키우기

오하이오 주립대가 1972년부터 2012년까지의 데이터를 분석했는데, 외동으로 자란 사람들이 결혼 생활에서 이혼할 가능성이 다소 높다는 결과를 보고했다. 연구팀은 그 이유로, 외동으로 자란 사람들은 형제자매와의 관계를 통해 자연스럽게 겪는 갈등·협상·타협의 경험이 상대적으로 적기 때문에, 결혼 생활에서 마주하는 다양한 사회적 상황에 적응하는 데 다소 어려움을 느낄 수 있다고 설명했다. 그러나 이러한 결과를 '외동이기 때문에 이혼한다'는 인과관계로 해석해서는 안 된다. 보다 정확하게 말하면, 외동으로 성장하는 과정에서 경험한 환경적 요인들이 성인 이후의 사회적 관계에 영향을 미칠 수 있다는 의미다.

실제로 외동아이의 사회성이 떨어지는 것은 태생적 특성 때문이 아니다. 외동아이들이 눈치가 없거나 고집이 세서가 아니라, 형제자매가 있는 또래에 비해 자연스럽게 사회적 경험을 쌓는 기회가 적기 때문이다. 이에 초기 사회성이 다소 미숙해 보일 수 있다. 그렇기에 사회적 상호작용의 기회는 외동아이에게 무엇보다 중요하다. 사회성은 다른 사람들과 만나고 함께 활동하며 관계를 맺는 과정에서 자란다. 부모는 아이에게 최초의 사회적 모델로 매우 중요하지만, 부모만으로 사회성이 충분히 발달하기는 어렵다. 가족 외의 다양한 사람들과 어울리는 경험은 아이의 사회성을 더 풍부하게 키워주는 토양이 된다.

아이는 또래와 함께 놀고, 갈등을 해결해보고, 협력해보는 과정 속에서 사회성을 익힌다. 그런데 또래와 함께 있는 공간이지만 아이가 장난감을 나누거나 순서를 지키는 것을 어려워해 혼자 놀거나 어른하고만 놀려고 한다면, 또 또래 간 다툼이 생길 때마다 아이들을 떼어놓기만 한다면, 아이는 갈등을 해결하거나 관계를 이어가는 경험 없이 '또래와 어울리는 일은 힘들고 불쾌하다'고 느낄 수 있다. 이러한 경험이 반복되면 또래 관계를 부담스럽게 여겨 회피하는 경향이 생길 수도 있다.

그래서 부모의 역할이 중요하다. 부모는 아이가 또래와 어울리며 느끼는 즐거움에 공감해주고, 갈등이 생겼을 때는 감정을 조절하는 방법, 규칙을 지키며 함께 노는 방법을 배울 수 있도록 돕는 안내자이다. 긍정적 사회적 경험은 저절로 만들어지지 않는다. 부모가 아이의 마음을 읽어주고 상황을 조정해줄 때, 또래와 어울리는 시간은 아이에게 '즐겁고 안전한 경험'이 되고, 이 경험이 쌓일수록 사회성은 자연스럽게 자라난다.

나아가 아이가 다양한 연령층의 사람들과 관계를 맺는 것은 사회성뿐 아니라 정서 발달에도 큰 자산이 된다. 부모에게는 말하기 어려운 고민이나 스트레스가 있을 때, 친구나 선생님, 조부모, 이모, 삼촌과 같은 주변의 따뜻한 어른들은 아이가 마음을 안전하게 털어놓을 수 있는 든든한 정서적 지원군이 된다. 이들의 존재는 아이의 세계를 넓히고 부모 역시 아이를 더 깊이 이해하도록 돕는다. 나이가 어린 동생들과 어울리며 배려와 리더십을 배우는 경험도 큰 성장의 발판이 된다.

이처럼 아이의 사회성은 다양한 연령의 사람들과, 여러 상황 속에서, 다양한 집단 규모로 상호작용할 때 더욱 풍부하게 자란다. 정기적으로 만나는 친한 친구뿐 아니라 놀이터나 키즈카페에서 스치듯 만나는 또래들, 자유롭게 노는 환경부터 규칙이 분명한 팀 활동까지, 아이는 폭넓은 사회적 경험을 통해 자신만의 사회성을 단계적으로 확장해나간다.

연령대에 따라 외동아이에게 필요한 사회성 발달 지원 방법은 다르다. 이 책의 Part 4에서 구체적인 방법들을 소개한다.

타인을 존중하는
아이로 키우기

얼마 전 수빈 씨는 딸아이와 외출했다가 심란한 경험을 했다. 카페에서 수빈 씨는 커피를 마시고 딸아이는 젤리를 먹고 있었는데, 옆 테이블에 한 아이가 젤리에 눈을 떼지 못하고 쳐다보는 것을 발견했다. 딸아이에게는 꽤 많은 젤리가 있었기에 수빈 씨는 "하린아, 저기 저 동생도 젤리가 무척 먹고 싶나 봐. 동생도 젤리 몇 개 주자"라고 말했다. 그 말이 끝나기가 무섭게 딸아이는 젤리가 들어 있는 컵을 감싸 안으며 "싫어, 내 건데 왜 줘? 쟤도 먹고 싶으면 사 먹으라고 해!"라고 소리쳤고, 그 아이의 부모가 그 소리를 듣고 아이에게 "저거 먹고 싶어? 좀 이따가 사줄게"라고 말하며 아이를 돌려 앉혔다. '아니, 우리가 거지도 아니고, 달라고 한 것도 아닌데 왜 저래?'라고 생각했는지 그 부모의 불쾌한 표정이 느껴져서 민망했지만, 그보다도 더 수빈 씨의 마음을 불편하게 한 것은 딸아이의 이기적인 태도였다. 사실 하린이의 말에 틀린 것은 없었다. 젤리는 하린이 것이고, 그렇기 때문에 하린이가 주고 싶지 않으면 주지 않아도 되는 것이다. 그래도 충분히 많이 갖고 있으니 몇 개쯤 나눠줘도 좋을 텐데 왜 그런 마음을 갖지 못한 것인지, 그래서 가끔 '깍쟁이'라는 말을 듣는 것은 아닌지, 저러다가 자기만 아는 이기적인 사람으로 성장하는 것은 아닌지 별별 생각에 마음이 심란했다.

수빈 씨와 같은 걱정을 하는 외동부모들이 적지 않다. 모든 게 다 자기 것이어서 나눌 줄 모르는 것 같고 자기중심으로 생활이 돌아가니 자기밖에 모른다는 느낌을 받을 때가 많다. 어떻게 하면 좀 더 이타적인 아이로 키울 수 있을지 부모들의 고민은 더 깊어진다. 이타심은 다른 사람의 행복이나 이익을 우선시하고 자신의 이익보다 타인의 이익을 고려하는 마음가짐이다. 취학전 아이들은 아직 미숙하고 자기중심성이 강해 도움이 필요한 사람을 위해 자발적으로 자신을 희생하는 행동을 하지 못하지만, 그래도 이타심의 기초가 되는 공감과 동정심을 보여주는 행동은 어릴 때부터 나타난다. 우는 아기에게 자신의 사탕을 건네고, 넘어진 아이에게 다가가 토닥토닥 해주는 행동은 두 돌이 되지 않은 아기들에게서도 드물지 않게 볼 수 있다. 만일 부모가 아이의 이런 따뜻한 마음을 칭찬하고 격려해준다면 아이는 이타적인 사람으로 성장할 가능성이 크다.

이타심의 발달은 타고난 기질의 영향도 많지만, 그보다도 더 큰 영향은 부모의 양육 태도이다. 부모가 친절한 행동을 하는 것의 중요성에 대해 아이에게 가르치고 직접 부모가 아이 앞에서 타인에 대한 공감과 동정심을 나타낼 때, 그리고 아이의 친절한 행동에 대해 칭찬해줄 때 이타심은 가장 잘 발달한다. 특히, 동정과 연민, 공감은 이타적인 행동을 하게 하는 가장 중요한 매개체이기 때문에 부모는 타인의 불행이나 고통에 대해 아이가 느낄 수 있도록 말해주는 것이 필요하다. 넘어져서 울고 있는 아이를 보면 "저런, 넘어져서 무릎이 까졌구나. 많이 아프겠네"라고 말하고, 폐지가 가득 담긴 리어카를 힘겹게 끌고 가는 어르신을 봤을 땐 "어휴, 힘드시겠다. 무거운 리어카를 끄는 게 쉽지 않으실 텐데"와 같이 말해줌으로써 어려움에 처한 다른 사람의 상태와 감정을 경험할 수 있게 해주는 것은 공감 능력을 키우는 데 도움이 된다. 하지만 이때 부모는 충분히 공감은 해주되 분위기를 너무 어둡지 않게 해야 한다. 심각한 표정으로 큰일이 난 것처럼 "어머, 어머 어떡하면 좋아. 큰일이네. 저거 흉터 남으면 어떡하냐?", "저 할아버지 너무 불쌍해 보이신다. 곧 쓰러지실 것 같지 않니?"처럼 부정적으로 말하면 아이들은 불편한 감정에 압도되어 스트레스를 받게 된다. 그러면 이후 비슷한 상황을 마주했을 때 불안해하며 회피하려 들 수 있다. 따라서 동정심을 표현할 때는 너무 심각하거나 어두운 표정이 아닌, 차분한 표정으로 말해주는 게 가장 좋다. "어휴, 할아버지 힘드시겠다. 리어카가 정말 무거워 보여. 우리가 지금 차에 타고 있지 않았다면 할아버지의 리어카를 밀어드릴 수 있었을 텐데"와 같은 정도로 말하는 게 적절하다. 정서 지향적인 훈육도 아이의 동정심을 발달시킨다. "네가 저 아기를 울게 만들었어. 깨무는 건 좋지 않아"처럼 아이의 행동이 상대에게 어떠한 고통을 야기했는지 알 수 있게 설명해주면 아이는 자신의 행동에 대해 후회하고 상대에 대한 동정심을 갖게 된다.

평소 아이가 다른 사람을 도울 수 있는 기회를 만들어주는 것도 이타심을 키우는 데 도움이 된다. 부모가 요리하는 것을 돕거나 반려동물을 돌보는 것, 양손에 짐을 든 사람을 위해 출입문을 열어주거나 짐을 나누어 들어주는 것 등 작지만 아이가 타인을 위해 할 수 있는 좋은 일들은 꽤 많다. 그렇다고 이러한 일들을 하도록 강요하거나 물질적인 보상을 약속하는 것은 좋지 않다. 이타심은 마음에서 스스로 우러나와야 하며 대가를 얻기 위함이 아니기 때문이다. 물론 가끔은 아이의 이타적인 행동에 깜짝 선물을 줄 수 있지만, 보상이 잦으면 아이는 다른 사람의 행복이나 복지가 아닌 자신의 이득을 위해 남을 돕는 척하게 될 수 있다.

아이가 좋은 행동을 했을 때 부모가 이를 알아주고 칭찬해주는 것만으로 충분하다. 아이를 칭찬해줄 때는 어떠한 행동이 좋은 것인지 구체적으로 말해주며 "네 마음씨가 따뜻해서", "너는 친절한 아이니까"라는 식으로 아이의 성격을 긍정적으로 말해주면 더욱 좋다. 아이들은 자기가 좋아하는 사람이 칭찬해줄 때, 그리고 스스로를 좋은 사람이라고 느낄 때 좋은 행동을 오랫동안 지속하는 경향이 있다.

Part 3

부모 자식 간의
건강한 경계

부모는 자녀를 사랑하는 마음으로 최선을 다하지만 때로는 그 사랑이 너무 깊어 경계 없이 흐려질 때 오히려 자녀의 건강한 성장이 방해받을 수 있다. 부모의 역할은 아이를 보호하고 사랑하는 것뿐 아니라, 올바른 습관과 태도를 가르치고 독립적인 인격체로 성장할 수 있도록 돕는 것이다. 이를 위해 부모와 자녀 사이에도 '건강한 경계'가 필요하다. 특히, 외동아이의 경우 부모의 관심과 기대가

한 아이에게 집중되면서 경계가 더욱 흐려지기 쉽다. 부모가 아이의 모든 것을 결정해주거나 반대로 아이가 하자는 대로 끌려가기도 한다. 이렇게 되면 아이는 자기주도성과 책임감, 그리고 자기조절력을 기를 기회를 놓칠 수 있기에 외동아이 부모라면 건강한 경계 설정을 위해 노력해야 한다.

많은 부모들이 경계를 세우는 것을 차갑고 거리감 있는 관계로 오해하기도 한다. 하지만 건강한 경계는 부모와 자녀 사이에 단절을 만드는 것이 아니라, 오히려 더 안정적이고 신뢰할 수 있는 관계를 형성하는 기초가 된다. 경계란 아이를 밀어내는 것이 아니라, 아이가 스스로 설 수 있도록 돕는 것이기 때문이다. 적절한 규칙과 일관된 훈육이 함께할 때, 아이는 자신의 행동에 대한 책임을 배우고, 부모의 사랑과 보호 속에서도 독립적인 존재로 성장할 수 있음을 잊지 말자.

부모 자녀 사이에도
경계는 필요하다

부모가 된다는 건 아이와의 거리를 끝없이 조율하는 여정일지도 모른다. 사랑하니까 더 가까이 있고 싶고, 보살펴주고 싶고, 다 주고 싶다. 특히 외동아이를 키우는 부모는 더 그렇다. 형제가 없어서 혹시라도 생길 수 있는 결핍을 채워주려고 애쓰고, 외로울까봐 먼저 다가가 손을 내밀고, 누군가와 부딪히며 배우는 대신 부모가 먼저 다정한 세상이 되어주고 싶어 한다. 이렇게 아이 곁에 머물며 아이에게 이 세상의 모든 사랑을 전해주려 한다. 하지만 너무 가까이 다가간 사랑은 때로는 아이를 숨막히게 하고, 성장하지 못하게 만들기도 하며, 다가오는 부모를 멀리하게 만들기도 한다.

　심리학에서는 이런 관계를 '고슴도치 딜레마'로 설명한다. 따뜻함을 나누고 싶지만 너무 가까워지면 서로의 가시에 찔리게 되는 고슴도치처럼 부모와 자녀 관계도 너무 가까워지면 서로에게 상처만 주고 멀어질 수 있다. '사랑'으로 시작된 밀착이 어느새 아이에 대한 '집착'과 '통제'가 되지 않도록 부모는 따뜻함은 나누되 서로를 찌르지 않을 만큼의 거리를 두는 방법을 배워야 한다. 따뜻하지만 날카롭지 않은 사랑을 위해선 부모와 자녀 사이의 경계를 세우는 것이 필요하다는 것을 인정하고 세워둔 경계를 지킬 수 있어야 한다.

　부모와 자녀 사이의 건강한 경계를 설정하는 것은 내 아이가 나와 다를 수 있음을 받아들이는 것에서부터 시작한다. 아무리 내 속으로 낳은 자식이라 해도 아이는 내가 아니다. 엄연히 하나의 독립된 개체로 자신만의 생각과 감정과 욕구가 있다. 그렇기 때문에 부모와 의견이 다르다고 해서 서운해하거나 똑같아야 한다고 강요하면 안 된다. 이와 함께 아이의 감정과 욕구를 있는 그대로 수용하고 공감해주며 아이의 결정과 선택을 존중해주는 것도 건강한 경계를 설정하는 데 꼭 필요하다. 즉, 아이의 감정은 존중하되 책임은 아이가 질 수 있도록 해야 한다.

　아이의 감정과 욕구를 수용하고 공감한다는 것은 단순히 "그래, 알겠어” 하는 것을 넘어서 아이의 시선에서 아이가 느끼는 것을 옳고 그름과 같은 판단 없이 있는 그대로 이해하려고 노력하는 것이다. ‘아! 너는 그렇게 생각했구나’, ‘너는 그런 마음이었구나’ 하며 알아차리지만 그것들을 부모 자신의 생각과 감정으로 가져오지는 않는다. 아이의 감정과 욕구를 부모가 자기 것으로 가져오는 순간, 부모는 아이를 지지하고 도와주는 안내자의 역할을 상실하게 된다. 아이와의 경계가 희미한 부모들이 자주 이런 실수를 한다. 예를 들어, 아이가 친구와 다퉈서 속상해할 때 건강한 경계를 지닌 부모는 “저런, 그런 일이 있었구나. 친구가 그런 행동을 해서 많이 서운했구나”라며 아이의 감정을 헤아려주지만 경계가 모호한 부모는 아이의 문제를 자신의 것으로 바로 가져와 흥분하며 화를 낸다. “어머 어머, 진짜 걔 왜 그런대? 아휴, 짜증 나. 생각할수록 화나네?” 이렇게 부모가 아이의 일을 마치 자기 일처럼 흥분하며 강한 감정을 드러내는 것을 공감으로 착각하는 사람들도 있다. 하지만 이는 공감이라기보다는 감정이입에 가깝다. 공감은 상대의 마음을 알아차리고 수용해주되 주체성과 객관성을 잃지 않지만 감정이입은 나를 버리고 상대에게 몰입하는 것으로 상대와 나의 경계가 불분명하다. 부모의 지나친 감정이입은 아이를 계속 불편한 상태에 머물게 하며 문제해결과 점점 멀어지게 만들 뿐이다. 또한 부모가 지나치게 감정이입을 할 때 아이는 점점 자신의 문제에 대해 부모와 상의하는 것을 피하게 된다. 고슴도치의 딜레마를 겪게 되는 것이다. 어느 덧 문제는 자신의 것이 아닌 부모의 것이 되어버렸고 부모가 화 내고 실망하고 슬퍼하는 모습을 보는 것이 아이에게도 힘든 일 이기 때문에 아이는 부모를 불편하게 여기게 된다.

기쁘고 좋은 일도 마찬가지다. 아이가 좋은 성적을 받아왔을 때, 성공을 해냈을 때 이에 대해 듬뿍 축하해주지만 이것을 부모 자신의 성공으로 착각하지 않아야 한다. "와, 열심히 노력하더니 좋은 결과를 얻었네. 너도 너 자신이 참 자랑스럽겠다. 엄마도 네 가 얼마나 열심히 한지 알기에 정말 기쁘고 뿌듯하구나!"라고 말 해주어 아이가 자신이 이룬 성취에 대해 스스로를 자랑스러워할 수 있게 해주어야 한다. 부모를 기쁘게 해주기 위해서가 아닌 자 신을 위해서 열심히 할 수 있게 하는 것이 가장 좋다. 그래야 오 래하고 잘하며 더 좋은 성취를 이뤄낼 수 있다.

부모 자녀 사이의 건강한 경계를 세우는 데 꼭 필요한 아이 의 욕구와 감정 수용을 위해서는 사람은 다 다르게 생각하고 느 끼며 행동할 수 있음을 받아들여야 한다고 앞서 말했다. 그런데 이게 말이 쉽지 생각보다 꽤 어렵다. 부모들이 자녀에게 많이 하 는 말 중에 "어떻게 그럴 수 있어?", "그건 말도 안 돼!", "그런 생 각을 하다니 놀랍다"라는 말이 있다. 이 말은 아이의 생각과 감 정은 알겠으나 받아들일 수 없을 때 주로 한다. 물론 아이의 생 각에 동의할 수 없을 때도 있다. 마음속으로 '어떻게 저런 생각을 하지?'라는 의아함이 몰려오며 살짝 기가 막힐 때도 있을 것이다. 이런 마음인데 아이의 말을 수용해주라니 이건 지나친 허용 혹은 아이의 비위를 맞추는 것이 아니냐고 항변할 수도 있다. 그러나 아이의 마음을 수용해준다는 것은 그저 "네 말이 맞다"라고 인정해주는 것과는 큰 차이가 있다. 수용한다는 것은 옳고 그름을 따지는 것이 아니라 차이를 받아들이는 것이다. 사람들은 모두 제각각의 생각과 감정이 있기에 나와 다를 수 있다. 그 차이가 아쉽기는 하지만 그럴 수 있음을 이해하려고 노력할 때 수용하는 마음을 가질 수 있다. 제일 좋아하는 음식이 짬뽕이라는 사람에게 "아니, 그렇게 흔한 음식을 제일 좋아해?"라고 비난하지 않는 것처럼 아이가 "난 하루 종일 젤리만 먹고 싶어"라고 말했다고 해서 그런 말도 안 되는 생각을 한다고 아이에게 잔소리를 늘어놓을 필요는 없다. 그저 '우리 아이는 젤리를 정말 좋아하는구나'라며 아이의 취향을 받아들이면 된다. 이렇게 수용해준다고 해서 아이에게 원하는 젤리를 맘껏 줘야 되는 것도 아니다. 아이의 생각과 감정을 수용하는 것과 실제 행동을 허락하는 것은 다른 이야기다. 놀다가 다툰 친구가 밉다는 아이의 감정은 수용하지만 그 친구를 때리려는 행동은 허락하거나 묵인해서는 안 되는 것처럼 마음속으로는 별것을 상상하고 느껴도 상관없지만 행동은 사회적 규칙과 도덕적 규범에 따르도록 지도해야 한다.

간혹 부모가 자신의 마음을 수용해준 것을 허용으로 착각하는 아이들도 있다. 엄마가 "젤리가 정말 맛있나 보구나. 그래서 많이 먹고 싶었나 보다"라고 아이의 마음을 수용해주면 "응, 엄마. 저기 있는 젤리 먹을게"라며 젤리 봉지를 가져오려 할 수 있다. 이때 부모는 이미 아이가 충분히 젤리를 먹었고 더 이상 먹는 것이 좋지 않다고 판단되면 안 되는 이유를 말해주고 분명히 제한해주어야 한다. 이때도 아이의 생각을 비난하는 것이 아닌, 네 마음은 알지만 이런저런 이유로 할 수 없음을 말해준다. "젤리를 많이 먹고 싶은 마음은 알지만 이제 저녁 먹을 시간이니까 그만 먹자. 젤리는 설탕이 많이 들어 있어서 너무 많이 먹으면 이가 썩을 수도 있단다. 아쉽지만 이미 오늘은 젤리를 많이 먹었으니 내일 또 먹자"라며 젤리 봉지를 아이 눈앞에서 치우면 된다.

아이의 생각과 감정을 수용하지만 부모의 생각이 다르다면 이에 대해 말해주어도 된다. 물론 이때도 아이의 생각과 감정이 틀렸다고 비난하는 것은 금물이다. "아, 너는 그렇게 생각했구나. 엄마는 이렇게 생각했단다"처럼 사람들마다 생각하고 느끼는 것에 차이가 있음을 알게 해준다. 그러면 아이는 자기중심적인 사고에서 벗어나 보다 다양한 관점을 이해할 수 있게 되어 다른 사람의 생각과 감정을 수용하는 성숙한 인간으로 성장할 수 있다.

상담을 하다 보면 단순한 질문에도 대답을 못 하고 부모에게 의존하는 아이들이 있다. 대부분 외동아이들인데, 자기 생각을 말하지 못하고 "엄마는요, 아빠는요", "엄마가 그렇게 말했는데요", "아빠가 그랬는데……"라며 부모를 들먹인다. 여행을 많이 다녔다며 신나게 여행 이야기를 하는 아이에게 "그래서, 너는 여행 간 곳 중에서 어디가 제일 마음에 들었니?"라고 묻자 갑자기 말을 더듬으며 "음……. 어디더라. 어디가 제일 좋았지? 잠깐만요, 나가서 엄마한테 물어보고 올게요"라고 했던 초등학교 1학년 아이가 기억에 남는다. 그 아이 역시 외동이었다. 외동아이들은 부모와 함께하는 시간이 많기 때문에 부모의 가치관과 행동을 따르는 수준을 넘어 부모의 것을 그대로 받아들이는 부모의 복사판이 될 수도 있다.

부모가 의도한 것은 아니지만 무심코 한 말과 행동이 아이의 정체성 형성을 방해하고 부모에 대한 의존성을 높이기도 한다. 가족사진을 찍거나 놀이동산을 갔을 때 가족이 세트로 옷을 맞춰 입는 것은 괜찮지만 평상시에도 자주 부모와 아이가 똑같은 옷과 액세서리로 꾸며 한 세트처럼 보이는 것은 좋지 않다. 말끝마다 "그렇지~"라며 같은 생각을 은근히 강요하고 "엄마랑 꼭 닮았네. 역시 내 딸이야"라고 하거나 "엄마 말대로 해야 엄마 딸이지"라는 식의 표현을 자주 하는 것 역시 아이가 자신의 개성을 내려놓고 부모를 따라 하게 만들어 정체성 발달을 어렵게 할 수 있다. 우리 아이가 자아정체성을 지닌 개성 있는 존재로 자라길 바

란다면 아이를 자신만의 생각과 감정을 지닌 주체로 인정해주어
야 한다. 이를 통해 아이는 나답게 살아가는 독립적인 존재로 성
장할 수 있게 된다.

잘못된 버릇
훈육하는 법

도서관에서 부모 교육 강의를 했을 때의 일이다. 강의가 끝나고 할머니 한 분이 질문이 있다며 나를 찾아왔다. 온화하신 인상의 할머니는 이제 초등학교 2학년이 된 손녀를 돌봐주고 있다고 했다. 아들 내외가 모두 맞벌이라 며느리가 출산을 한 이후부터 합가하여 손녀를 돌보고 있는데, 손녀가 너무 예뻐서 힘든지도 모르고 키웠단다. 그런데 손녀가 점점 커가면서 육아가 버거워지기 시작해 고민이라며 최근 있었던 일을 이야기했다.

얼마 전 학습지를 풀고 있던 아이에게 답이 틀렸다고 말했더니 울고불고 난리를 부렸다고 한다. 할머니가 뭘 안다고 틀렸다고 하냐며 자기 기분을 나쁘게 했으니 빨리 잘못했다고 사과를 하라길래 할머니도 기분이 상해서 할머니가 잘못한 게 없는데 왜 사과를 하냐고 했다고 한다. 그러자 아이는 도끼눈을 뜨고 "빨리 사과하라고! 지금 안 하면 용서 안 할 거야!"라고 소리를 지르더니 급기야 울기까지 하더란다. 그동안 애지중지하면서 사랑으로 키웠는데 손녀의 이런 태도를 보니 허탈하기도 하고, 한편으로는 외동아이라 자기만 아는 것은 아닌지 걱정이 된다는 것이었다.

버릇없는 아이라는 소리를 듣게 하지 않으려면 외동아이 부모는 아이에 대한 애정와 관심은 듬뿍 갖되 이에 대한 표현과 전달에는 절제와 신중을 기하고, 필요한 훈육은 마음이 아프더라도 반드시 해야 한다. 아이의 잘못된 행동에 대해 훈육을 할 때 너무 미안해하거나 "엄마가 너 미워서 이러는 게 아니야, 알지? 엄마도 너무 속상해"라며 아이 눈치를 보는 것, 훈육을 한 후 시무룩해진 아이를 달래기 위해 선물을 준다거나 "엄마 때문에 속상했어? 미안해"라며 사과하는 것, 혹은 아이를 빨리 진정시키기 위해 "알았어, 알았어, 엄마가 잘못했어"라고 하거나 아이와 한바탕 말씨름을 한 후 "아휴, 몰라. 네 맘대로 해"라며 문을 쾅 닫고 안방으로 들어가는 것 등은 아이에게 자신의 잘못을 깨닫게 하는 데는 전혀 도움이 되지 않는다. 오히려 쉽게 부모 탓을 하고 부모를 함부로 대하게 만들기 쉽다. 훈육이 올바른 효과를 내려면 아이에게 반드시 하지 말아야 할 행동에 대해 알려주며, 왜 그런 행동을 하면 안 되는지를 아이가 분명히 알 수 있게 해주어야 한다. 이를 위해 부모는 지나친 감정 표현으로 문제의 초점을 흐리지 않도록 주의할 필요가 있다. 부모가 흥분하지 않고 차분하게 아이를 대하는 것은 그 자체로도 큰 의미가 있다. 아이에게 감정을 조절하며 자기 생각을 표현하는 법을 알려주는 것이기 때문이다.

앞의 예로 돌아가보자. 손녀가 할머니에게 막무가내로 사과를 요구할 때 할머니는 어떻게 해야 할까? 어떻게 하는 것이 손녀와 할머니 모두에게 이로운 것일까. "기분 나쁘니까 빨리 나한테 사과해!"라고 떼를 쓰는 손녀에게 일일이 자기 입장을 변명하듯 말할 필요는 없다. 뻔히 틀린 답을 손녀의 기를 살려주겠다며 맞다고 하는 것이 더 나쁜 일이니 할머니는 잘못한 게 없다. 또 손녀는 아직 어려 자신의 감정을 잘 조절하지 못하는 것뿐이니 기분 상해하거나 당황하지 말고 잘 일러주면 된다. 우선 아이의 마음을 간단히 헤아려준다. "틀렸다고 말해서 기분이 상했구나" 정도로 말한 후, 버릇없는 행동에 대한 경계는 분명히 한다. "하지만 기분이 나쁘다고 할머니한테 소리 지르면 안 돼. 그건 예의 없는 행동이야." 그리고 할머니의 기분에 대해서도 언급한다. "그렇게 소리를 지르면 네가 할머니를 무시하는 것 같아 할머니 기분도 나빠진단다"와 같은 식으로 아이의 행동이 할머니에게 어떤 감정을 불러일으켰는지 알려준다. 그리고 이와 함께 대안 행동도 제시해주면 좋다.

"화가 났을 땐 소리 지르는 대신 '할머니, 그 말이 속상해요'라고 말하면 돼." 그런데도 아이가 계속 "빨리 사과하라고!"라며 우긴다면 "네 기분을 상하게 하려고 틀렸다고 말한 건 아니란다. 그냥 틀린 것을 틀렸다고 말해준 거야. 그런 것에 대해서는 사과를 하지 않아. 그리고 사과는 억지로 하는 게 아니란다"라고 분명히 말한다. 그래도 계속 아이가 흥분한 상태이면 아이가 진정할 시간을 갖도록 해주는 게 가장 좋다. "할머니한테 그렇게 말하면, 우린 대화를 잠깐 멈출 거야." 혹은 "지금 네가 너무 화가 났으니까, 조금 쉬었다가 다시 이야기하도록 하자"라고 말한 후, 아이 곁에서 떨어져서 할머니는 할 일을 하면 된다. 이때 '네가 지금 이따위로 굴어서 널 보고 싶지 않아', 혹은 '난 지금 너무 당황스럽고 힘들어'처럼 아이를 거부하거나 어른이 회피한다는 메시지가 아닌 아이가 감정을 가라앉힐 수 있는 시간을 주는 것으로 전달될 수 있도록 차분하게 말해야 한다. 그리고 시간이 지나 아이가 예의 바르게 말하거나 진정된 모습을 보인다면 "네가 차분하게 말하니 할머니도 정말 좋구나", "이제 이야기를 나눌 준비가 된 것 같구나"라고 칭찬해주는 것도 잊으면 안 된다.

이 글을 쓰다 보니 어릴 때 딸아이와 있었던 일이 생각난다. 짜증을 내는 딸아이의 마음도 헤아려주고 대안도 제시해주었지만 계속 징징거려서 내 할 일을 하고 있는데 딸아이가 씩씩거리며 내게 다가오더니 이렇게 말했다. "흥! 무슨 엄마가, 엄마가 돼가지고 나를 계속 달래줘야지. 뭐 이래?" 그때 비록 여섯 살밖에 안 된 아이였지만 나는 진지하게 아이와 눈을 맞추고 이렇게 말했다. "엄마도 할 수 있다면 네 기분이 나아지게 해주고 싶구나. 그래서 엄마 생각엔 이렇게 하면 좋을 것 같아서 이렇게 해보는 게 어떨지 네게 말했던 거야. 하지만 너는 그렇게 하고 싶지 않았었지. 엄마도 너를 돕고 싶지만 너는 너야. 네 기분은 네 것이지. 아무리 엄마라 하더라도 그걸 맘대로 할 수는 없단다. 네 기분을 좋게 할지, 계속 나쁘게 할지 정하는 건 엄마가 아닌 네가 하는 거거든." 어쩌면 이 말은 내가 나 자신에게 하고 싶은 말이었을 수도 있다. 엄마이기 때문에 많은 것을 책임지지만 그렇다고 해서 모든 걸 책임질 수도 없고 그것이 좋은 것도 아니라는 것을 잊지 말라는 나 자신에 대한 다짐 말이다.

아이를 몹시 사랑하는 부모는 아이가 슬퍼하거나 좌절하는 것을 보는 것이 고통스럽기 때문에 아이가 감내해야 할 책임까지 덮어쓸 때가 있다. 그 유혹을 견뎌내는 것도 부모가 해야 할 중요 임무임을 명심하자.

선물도
제한하기

초등학교 2학년인 하준이는 학교에서 친구들은 물론 선생님에게까지 무례한 언행을 하는 문제로 상담실에 오게 되었다. 주로 하준이의 문제 행동은 잘난 척인데, 예를 들면 선생님에게 "선생님 차는 뭐예요? 국산차 타세요? 우리집 차는 BMW인데"라고 말하거나 친구들에게 "야, 너는 닌텐도 없어? 어떻게 그런 게 없어?"라고 해서 상대의 기분을 상하게 하는 식이다. 상담을 위해 놀이치료실에 들어온 첫날, 하준이는 놀잇감들을 훑어보더니 "에이, 시시해! 뭐야? 여기보다 우리 집에 장난감이 더 많네!"라고 말했다. 이어 자기 집에 진귀한 장난감들이 얼마나 많은지에 대해 열정적으로 설명했다. 다음 상담시간에 하준이는 커다란 가방을 들고 왔다. 그 안에는 변신 로봇과 탑 블레이드와 같은 장난감들이 들어 있었는데 대충 계산해도 백만 원은 너끈히 넘을 듯했다. 하준이는 자랑스레 그것들을 내 앞에 펼쳐놓으며 "집에 더 많은데, 가방에 안 들어가서 이만큼만 갖고 왔어요"라고 말했다. 또 다음 시간에는 유희왕 카드를 가지고 왔다. 학교 앞 문방구에서 샀다며 유희왕 카드 한 통을 꺼내 쓱쓱 보더니 마음에 드는 카드가 없다며 모두 쓰레기통에 넣어버렸다. "아니, 방금 산 새 카드를 왜 버려?"라고 묻는 내게 "그럼, 선생님 가지실래요? 다른 애들 주든가"라며 이미 자기 집에는 커다란 통 두 개가 카드로 꽉 차 있다고 했다.

이렇게 하준이가 물질적인 과시를 하며 버릇없게 행동하게 된 가장 큰 이유는 가족들의 지나친 사랑 때문이었다. 엄마 나이 마흔이 넘어서 낳은 하준이는 하준이의 부모뿐 아니라 양가 조부모들에게도 너무나도 귀한 외동아이였다. 옷과 먹을거리를 최고로 챙기는 것은 물론 부모와 조부모는 하루가 멀다 하고 하준이에게 장난감을 선물했다. 특별한 날이 아니어도 하준이는 늘 선물을 받았으며, 어린이날이나 크리스마스에는 더욱 비싸고 귀한 장난감을 안겨주었다. 그럴 때에는 "이거 진짜 귀한 거야. 이거 아무나 못 가져. 이게 얼마나 비싼 건지 알아? 다른 아이들은 이런 거 없어"라는 말을 덧붙이기도 했다. 실제로 다른 아이들은 하준이가 가진 장난감이나 물건들을 보며 부러워하고 한 번만 하게 해달라고 사정하기도 했다. 이 모습을 보며 하준이는 물질이 가진 힘을 느꼈고, 그런 힘을 가진 자신을 특별한 존재로 생각하며 다른 사람들을 무례하게 대한 것이다.

우리는 사랑하는 사람에게 선물을 주고 싶어 한다. 선물은 감사와 축하의 표시이기도 하지만 애정을 표현하는 수단이기도 하다. 하지만 아이에 대한 애정을 선물로 표현하는 것은 때로는 위험한 결과를 불러오기도 한다. 아이는 선물의 값어치에 따라 애정의 정도나 자신의 존재 가치를 판단하게 될 수도 있으며, 선물받는 것을 당연한 일로 여겨 감사의 마음을 갖게 되지 않을 수도 있다. 시도 때도 없이 선물을 요구하거나 비싼 선물을 아무렇지도 않게 사달라고 할 수도 있고, 마치 부모를 마르지 않는 샘처럼 자신이 요구만 하면 원하는 것을 가질 수 있다고 생각할 수 있다. 또 아이 스스로 뭔가를 얻기 위해 노력하거나 아끼는 습관을 들이지 못할 수도 있고, 자기처럼 갖지 못하는 다른 아이들을 무시하게 될 수도 있다.

아이에 대한 애정은 따뜻한 관심과 아이와 함께하는 즐거운 시간을 갖는 것으로도 충분하다. 간혹 길을 가다 아이 생각이 나서 먹을 것이나 작은 기념품을 사는 것은 괜찮다. 하지만 마치 일년 365일이 어린이날인 것처럼 아이가 원할 때마다 선물을 주는

것은 좋지 않다. 선물은 선물답게 특별한 날 주는 게 가장 좋다. 우
리 아이가 너무 예쁘고 귀해 매일 뭔가를 사다주고 싶을 땐 잠시
마음을 다스리고 지갑을 닫은 후 아이와 놀이하는 시간을 가져보
자. 그 시간이 아이에게는 가장 좋은 선물이 될 것이다. 만일 아이
와 함께하는 시간은 갖지 않으면서 선물만 사준다면 혹시 물질로
쉽게 아이의 환심을 사려는 것은 아닌지 생각해봐야 한다.

지나친 칭찬은
사실 해롭다

‘칭찬은 고래도 춤추게 한다’는 말처럼 칭찬은 기분을 좋게 하고 긍정적인 행동을 이끌며 자존감도 높여주는 등의 좋은 효과들이 많다. 그러나 이건 칭찬을 올바른 방법으로 했을 때이며 제대로 하지 못했을 때는 오히려 해로운 결과를 초래할 수 있다. 특히 칭찬을 남발하는 것은 아이의 자만심과 만능감을 고취시킬 수 있기 때문에 주의해야 한다. 외동으로 자란 아이들이 가지기 쉬운 심리적 특성 중의 하나가 ‘만능감’인데 이는 ‘잘한다’를 넘어서 자신이 모든 것을 할 수 있다는 강한 자신감으로, 잘난 척하는 행동으로 이어지기 쉽다. 이러한 만능감은 주로 부모나 주변 사람들이 외동아이에게 칭찬을 몰아주면서 생기는데, "최고야", "네가 제일 잘해!", "1등!"처럼 다른 사람과 비교하거나 순위를 매기는 칭찬이 특히 좋지 않다. 이런 칭찬을 자주 받은 아이는 자신이 우월한 존재라고 생각해 으스대며, 때론 항상 잘해야 한다는 생각에 실패했을 경우 크게 좌절하기도 한다. 외동아이는 가정에서 유일한 아이로 경쟁 상대가 없기 때문에 칭찬을 독점하지만 어린이집이나 유치원, 학교에서 다른 아이가 칭찬을 받으면 불안해하고 시샘하며 화를 낼 때도 있다. 또한 집에서만큼 칭찬을 받지 못하면 교사에게 "선생님, 이거 잘했죠? 누가 더 잘했어요?"와 같이 계속 칭찬을 요구하게 될 수도 있다.

외동 가정의 경우, 형제자매가 없기 때문에 "어머, 오빠는 시금치를 안 먹는데 너는 정말 잘 먹네. 착하다"와 같이 형제자매와 비교하는 칭찬은 하지 않지만 어른들과 비교해 칭찬하는 경우들이 간혹 있다. "와! 우리 아들 똑똑한 것 좀 봐. 이것도 알아? 아빠는 모르는데. 우리 아들이 아빠보다 똑똑하네", "엄마는 이거 무서워하는데 우리 아들은 용감하다. 아들이 엄마보다 낫네"와 같이 아이를 칭찬해주기 위해 어른을 깎아내린다. 이렇게 부정적인 비교를 하고 누군가를 높이기 위해 다른 누군가를 낮추는 것은 최악의 칭찬이다. 이는 타인과의 경쟁을 부추기며 부모와 같은 어른들을 무시하고, 어른의 가르침을 받지 않고 오히려 어른을 가르치려 들 수 있다.

아이의 발달에 도움이 되는 칭찬을 하려면 정직하게 칭찬해야 한다. 이제 한글을 깨우쳐 더듬더듬 책을 읽는 아이에게 "와, 진짜 책 잘 읽는다!"라고 하는 것보다 "혼자서 한 페이지를 다 읽었네"라고 하는 게 낫다. 아이도 자신이 유창하게 읽지 못한다는 것을 알고 있으므로 너무 과장된 칭찬은 사탕발림이라고 생각할 수 있다. 또한 칭찬은 가치가 있는 상황에서 해야 한다. 별것도 아닌 것에 "잘했어", "최고야"를 남발하는 게 아니라 아이가 노력한 것, 이루어낸 것, 전에 비해 나아진 것 등에 대해 칭찬해주고 구체적으로 말해주어야 한다. "먹고 난 그릇을 싱크대에 넣었구나. 덕분에 엄마가 식탁 정리를 빨리 할 수 있겠네", "수학 문제를 풀기 위해 애썼구나. 여러 가지 방법을 시도했네, 멋지다"처럼 아이가 자신이 칭찬받는 이유를 분명히 알 수 있게 한다. "잘했다", "완벽해"와 같이 아이를 평가하는 것보다 아이의 행동에 대해 긍정적 관심을 보여주는 것도 매우 좋은 칭찬이다. "그림 잘 그렸네"보다 "와, 여러 가지 색을 사용해 그림을 그렸구나!", "아, 이건 우리가 지난번에 갔던 동물원이구나. 네가 신기하다고 했던 홍학이 여기 있네!"라며 아이의 그림을 살피며 진심 어린 피드백을 보여줄 때도 아이는 충분히 칭찬받았다고 느낀다.

아이의 말에
휘둘리지 말기

아이의 응석을 너무 받아줬기 때문에 외동아이의 버릇이 나빠졌다고 생각하는 사람들이 많다. 외동아이는 가족의 유일한 아이로 소중할 뿐 아니라 가장 나약한 존재이기 때문에 훈육을 해야 할 상황에서도 흐지부지 넘어갈 때가 있다. 하지만 "아직 어려서 그래, 크면 다 괜찮아져"라는 지나친 낙관주의에다가 "귀여우면 모든 게 용서된다"는 생각까지 합쳐져 아이의 잘못된 행동을 묵인했던 부모들도 아이가 10대가 되면 깊은 후회와 반성을 하게 된다. 제법 컸는데도 여전히 어린아이처럼 제멋대로 행동하는 것을 보며 "그때 좀 더 가르칠걸" 하며 한숨을 쉬는 외동아이 부모들을 심심찮게 봐왔다.

　아이의 응석을 받아주는 부모들은 대개 아이의 잘못에 지나치게 관대하다. 아직 어리기 때문에 미숙한 행동을 하는 것은 당연하다. 하지만 제대로 가르쳐야 올바로 성장하는데, 오히려 아이의 미숙한 행동을 귀여워하며 칭찬하기까지 한다. 집에 손님이 왔을 때 "하이, 안녕!"이라며 반말로 인사하는 아이에게 웃으며 "어쭈, 영어학원 다니더니 영어로 인사하네!"라거나, 손님 앞에 내놓은 다과를 덥석 집어 먹는 아이에게 "배고팠어?"라고 말하기도 한다. 아이가 떼를 쓰며 강하게 요구할 때도 처음에는 "안 돼"라고 했다가 "알았어, 알았어. 다음부터는 그러지 마!", "그럼, 이번 한 번만이야"라며 슬그머니 물러서기도 한다. 여기에 "아휴, 넌 어쩜 그리 고집이 세니? 어떻게 널 당하겠어!"라는 말을 덧붙이는 부모도 있다. 부모의 이러한 태도는 아이에게 자신의 행동이 왜 잘못되었는지, 어떤 행동이 올바른지를 알 수 없게 하여 잘못된 행동을 지속하게 만든다.

　아이에 대한 사랑이 지나친 것도 아이를 응석받이로 만든다. 아이가 너무 예쁘고 귀엽기만 한 부모들은 훈육을 힘들어한다. 아이의 기분이 나쁜 것을 보기 힘들고, 부모를 원망하는 것을 두려워하기 때문에 웬만하면 훈육 상황을 피하려고 한다. 어떤 외동아이들은 이러한 부모의 심리 상태를 재빨리 간파해 이용한다. 부모가 훈육을 하려 하면 삐치고 화난 척을 하거나 "흐잉! 엄마 무서워! 엄마는 나 미워하지?"와 같은 말로 부모의 마음을 불편하게 만든다. "아니, 엄마가 널 얼마나 사랑하는데, 하지만……"이라고 말하는 엄마의 말을 자르고 아이는 "그러면 예쁘게 말해야지. 웃어야지"라며 부모가 더 이상 자신에게 싫은 소리를 하지 못하게 입을 막아버린다. 이렇게 되면 훈육은 시작도 못하고 흐지부지 끝나버린다. 부모는 혹시 아이가 상처받은 것은 아닌지, 부모의 사랑을 의심하는 것은 아닌지 불안해하며 아이의 비위를 맞추기까지 한다. 그러면 아이는 잘못을 모두 상대에게 전가하며, 자신의 요구를 충족하기 위해 상대를 조정하는 행동 방식을 발달시킬 수 있다.

사랑하는 아이를 훈육해야 할 때 아이의 주눅 든 모습을 보면 안타깝기도 하고, 삐치고 당황한 모습을 보면 귀여워서 웃음이 날 수도 있다. 이런 감정을 느끼는 것은 괜찮지만 이를 드러내지는 않아야 한다. 화를 내거나 무섭게 하는 것도 안 되고 너무 화기애애하게 훈육하는 것도 옳지 않다. 아이가 처음 잘못했을 때는 평소처럼 부드러운 태도로, 하지만 분명히 아이가 알아들을 수 있게 "그 핸드폰은 내려놔. 그건 이모 거야. 남의 물건을 허락 없이 만지면 안 된단다"라고 말해준다. 하지만 설명을 해도 아이가 고집을 부릴 땐 좀 더 단단한 목소리로 짐짓 심각한 표정으로 아이에게 이 상황이 어물쩍 넘어갈 수 없다는 것을 알려주어야 한다. "아니야, 현준아. 지금 엄마가 그 핸드폰 내려놓으라 했어. 지금 당장 내려놔. 엄마가 셋 셀 때까지 내려놓지 않으면 엄마가 핸드폰을 뺏을 거야"라고 분명히 말하고, 말한 대로 실행한다. 만일 이 과정에서 아이가 "엄마, 미워", "엄마 무서워", "엄마, 나 사랑 안 하지?", "엄마, 화났어?"와 같은 말을 한다면 굳이 이 말에 일일이 대꾸할 필요는 없다. 핸드폰을 제 주인에게 돌려준 후에 평소와 같은 목소리로 "이모 핸드폰이 궁금했구나. 다른 사람 물건을 만지고 싶을 땐 꼭 허락을 구해야 하는 거야. '이거 봐도 돼요?' 이렇게 말이야"라고 말해주면 된다.

부모가 보기에 아이가 잘못된 행동을 하고 있다고 여겨지면 부모는 왜 그 행동이 문제인지 생각해보아야 한다. 이유가 생각나지 않는다면 그건 부모의 취향에 맞지 않는 행동일 뿐 문제 행동은 아닐 가능성이 높기 때문에 내버려두는 게 낫다. 하지만 분명한 이유가 있을 때는 아이에게 이유를 알려주고 잘못된 행동을 멈추고 보다 올바른 방법을 알려주어야 한다. 그리고 이때 부모는 아이의 저항이나 어리광에 항복하지 않고 '안 되는 것은 정말 안 된다'는 것을 확실히 알게 해주어야 한다. 이게 바로 아이를 진정으로 위하고 사랑하는 부모의 역할이다.

보상 제도 사용해
올바른 행동 지도하기

아이를 상처주고 싶지 않은 마음에 외동아이 부모들은 아이의 잘못된 행동을 고치고 올바른 행동을 유도하기 위해 종종 보상을 한다. "엄마 말 잘 들으면 터닝메 카드 사줄게"처럼 물질적 보상을 약속하는 것인데, 잘못 사용하면 돈만 쓰고 남는 것은 없을 수 있다. "엄마, 나 숙제 다 하면 뭐 해줄 거야?", "나 이거 했으니까 장난감 사줘" 같은 자신이 당연히 해야 할 일들조차 대가를 요구할 수 있고, 받는 게 없으면 아예 하지 않는 부작용이 생길 수 있다. 하지만 이러한 보상 제도는 주의 깊게 계획해서 실행하면 꽤 효과가 좋다.

　　보상 제도의 성공을 위해 부모가 먼저 해야 할 일은 보상을 받을 만한 행동을 정하는 것이다. "엄마 말 잘 들으면~", "착하게 굴면~"과 같은 표현은 너무 추상적이고 광범위한 것으로 논쟁의 여지가 많기 때문에 사용하면 안 된다. 대신 "식사 후 30분 내에 양치하기"처럼 어떤 행동을 해야 보상을 받을 수 있는지 구체적으로 정한다. 유아라면 하나의 행동부터, 6세 이상이면 3~5개의 행동을 정할 수 있다. 보상받을 수 있는 행동을 정했다면 다음으로는 어떤 보상을, 어떤 방식으로 줄지 절차를 결정한다. 이를 위해 먼저 특정 행동에 부여되는 보상의 값어치를 정한다. 여기서의 보상은 직접 현물로 주는 것이 아니라 스티커나 토큰, 점수로 준다. 하나의 행동만 다룰 경우에는 스티커 1개 혹은 토큰 1개로 정하고, 여러 행동일 때는 각 행동의 실행 난이도에 따라 보상의 가중치를 정한다.

　　예를 들어, '식사 후 30분 내에 양치하기'가 아이에게 그리 어렵지 않다고 생각되면 스티커나 토큰 1개, 혹은 점수 10점을 부과하고, '아이패드 사용 시간 30분'과 같은 지키기 어려운 약속은 스티커나 토큰 3개, 점수 30점으로 배정할 수 있다. 그 다음엔 이렇게 모은 스티커나 토큰, 점수로 얻을 수 있는 보상물을 정한다. 이때의 보상물은 아이가 좋아하고 관심을 갖는 것으로, 발달에 해롭지 않은 것이어야 한다. 보상물은 최소 10~15개 정도로 다양하게 구비하도록 한다. 상점에 물건들이 너무 단출하면 그 상점을 가지 않는 것처럼 아이들도 자신이 얻은 스티커나 점수로 살 수 있는 것들이 많다고 생각할 때 보다 적극적으로 참여한다.

아이들에게 제공될 수 있는 보상물들은 다양하다. 아이가 좋아하는 젤리나 초콜릿 같은 먹을 것부터 축구공, 미니카, 로봇과 같은 장난감, 놀이동산이나 영화 보러 가기와 같은 체험 활동, 그리고 외식 메뉴 선택권이나 친구와의 파자마 파티, 주말 아빠와의 놀이 1시간 이용권 같은 특별한 이벤트들까지, 평소 아이가 하고 싶어 하고 좋아하는 것을 잘 살펴보면 보상물을 알차게 꾸릴 수 있다. 보상물을 정했다면 이 보상물의 값어치도 정해서 아이에게 알려줘야 한다. 젤리 하나와 놀이동산 가기는 가격에서 차이가 많이 나는 것이므로 이를 고려해 각각의 보상물의 값어치를 정한 후 카페 메뉴판처럼 보상물 가격표를 만들어놓는다. 예를 들어, '젤리: 스티커 1개, 아이스티 1잔: 스티커 3개, 미니카: 스티커 5개, 외식 메뉴 선택권: 스티커 15개, 에버랜드 가기: 스티커 50개'라고 메뉴판에 적는다. 이는 스티커 1개로는 젤리 하나를 살 수 있고, 에버랜드를 가기 위해서는 스티커 50개가 필요하다는 뜻이다. 스티커를 모아놓은 종이판이나 토큰을 담아놓을 수 있는 상자, 점수를 이용한다면 점수를 기입하는 통장을 미리 마련해놓는 것도 필요하다. 여기까지 정했다면 아이에게 약속한 행동을 하면 스티커(혹은 토큰이나 점수)를 받게 될 것이며,

이것들은 돈과 같아서 메뉴판에 적혀 있는 것들을 살 수 있다고 말해준다. 그리고 아이가 약속을 지키면 "와, 식사를 마치자마자 바로 양치를 했구나. 잘했네"라고 칭찬해주며 스티커나 토큰을 즉시 지급한다. 아이가 스티커나 토큰으로 원하는 것을 살 때 "네가 약속을 잘 지켜서 이것들을 얻을 수 있었단다"라며 아이의 노력에 대해 말해주는 것도 잊지 않는다.

처음에는 아이들이 스티커나 토큰이 생기는 즉시 보상물로 교환하는 경우가 많지만 시간이 지날수록 더 큰 보상물을 얻기 위해 참기도 한다. 이를 통해 아이는 올바른 행동을 습득함과 동시에 욕구 지연 능력도 키우며 점차 보다 의젓하게 행동하게 된다.

심한떼부림을
다룰때

지나치게 관대하고 허용적인 양육 태도로 떼와 고집이 심해진 아이를 다루는 건 쉽지 않다. 부모가 마음을 먹고 훈육을 해도 부모가 자신을 이기지 못한다고 생각한 아이는 강하게 저항하며 부모를 포기시키기도 한다. 실제로 계속 고집을 부리는 아이 앞에서 눈물을 흘리며 항복하거나 "몰라, 네 맘대로 해!"라며 안방으로 들어가는 부모도 있다. 하지만 이런 행동은 아이의 내성만 키울 뿐이며 독불장군 같은 아이로 만드는 것이기에 하지 말아야 한다.

아이의 심한 떼 부림에서 가장 필요한 것은 부모의 인내심으로 '중꺾마(중요한 것은 꺾이지 않는 마음)'가 여기에도 적용된다. 아이의 떼 부림은 신체적 체벌과 같은 강압적인 방식을 사용할 때 가장 빨리 진압되지만 처벌은 오히려 수많은 역효과를 낳기 때문에 피해야 한다. 이 방법 대신 처음에는 시간이 다소 오래 걸려도 자신의 행동이 어떤 결과를 초래하는지 확실히 알게 하여 스스로 행동을 교정할 수 있도록 도와주는 타임아웃 방법을 권한다. 타임아웃time-out은 '시간 격리' 혹은 '잠깐 멈춤'의 뜻으로, 아이가 부적절하게 행동할 경우 일시적으로 아이를 분리시켜 생각할 수 있는 시간을 갖게 하는 훈육 방법이다. 우리나라에서는 '생각하는 의자'로 알려져 있다.

타임아웃을 통해 잘못된 행동을 지속하지 못하게 함과 동시에 아이가 자신의 감정을 진정시키고 행동을 반성할 수 있는 시간을 갖게 할 수 있다. 타임아웃을 사용하려면 먼저 타임아웃 장소를 골라야 한다. 그 장소에 생각하는 의자를 가져다 놓고 타임아웃을 해야 할 때 아이를 그곳에 앉히는데, 가족들이 많이 지나다니거나 TV나 장난감이 있는 곳을 피해 조용히 혼자 있을 수 있는 공간을 선택한다. 생각하는 의자는 등받이가 곧은 식탁의자가 적당하고 벽을 바라보되 아이의 발이 벽에 닿지 않을 정도로 떨어뜨려놓아야 한다. 아이가 의자에 앉아 벽을 발로 차면 2차 실랑이가 벌어질 수 있기 때문이다. 이렇게 타임아웃 장소에 생각하는 의자를 두었으면 아이에게 "저기는 생각하는 의자야. 네가 말을 듣지 않고 떼와 고집을 부리게 되면 저곳에 앉아서 생각하는 시간을 얼마동안 갖게 될 거야”라고 타임아웃에 대해 간단히 설명해준다. 아이가 생각하는 의자로 갈 일을 만들지 않으면 좋겠지만 부모의 지시를 따르지 않고 문제행동을 계속한다면 부모는 약 5초간 기다린 후 아이에게 경고한다. 아이의 눈을 똑바로 쳐다보고 단호한 목소리로 “내가 말한 대로 하지 않으면 너는 저기 생각하는 의자에 앉게 될 거야”라며 생각하는 의자를 가리키며 말한다. 이때 부모는 아이가 느끼기에 ‘아, 이 사람은 진짜 그렇게 할 것 같구나’ 정도로 결의에 차 있는 모습이어야 한다. 그래야 아이가 부모의 말을 들을 가능성이 높다. 이렇게 경고를 하고 5초간 더 기다린 후, 그래도 아이가 말을 듣지 않으면 “내가 시킨 대로 하지 않았으니, 이제 저 의자로 가자”라고 말하며 아이의 팔뚝이나 손목을 잡고 생각하는 의자에 앉힌다. 그다음 단호하게 “내가 일어나라고 할 때까지 여기에 앉아 있어!”라고 말한다. 여기서 단호하게 말한다는 것은 화나서 소리 지르는 게 아니라 감정을 뺀 사무적인 어투로 분명하고 차분하게 말하는 것을 의미한다.

아이가 생각하는 의자에 머무는 시간은 1세당 1~2분 정도로 생각하면 되는데, 규칙 위반의 심각성에 따라 시간은 조절한다. 만일 5세 아이라면 최소한 5분의 타임아웃 시간이 적당하고, 만일 심각한 위반이 있을 경우에는 10분의 시간을 갖는다. 정해진 시간이 끝나면 아이는 잠시 동안 조용히 있어야 한다. 부모가 타임아웃 시간이 끝나 아이에게 다가갔을 때 아이가 다시 소리를 치고 떼를 부리면 부모는 "네가 조용히 해야 이곳에 올 거야"라고 말하고 그 자리를 떠난다.

타임아웃을 처음 시행할 때 부모에게는 이 부분이 가장 어렵게 느껴질 수 있다. 떼 부림에 익숙해진 아이들은 생각하는 의자에서도 계속 울고 소리치고 불평을 늘어놓으며 소란을 피울 가능성이 높기 때문에 부모는 이 방식에 의심을 품을 수 있다. 하지만 걱정하지 않아도 된다. 이 고비를 넘기면 곧 평화가 찾아올 것이다. 부모가 다가갔을 때 아이가 소란을 피우면 부모는 별다른 잔소리를 하지 않고 자리를 떠나면 된다. 때론 기다리는 시간이 한두 시간이 될 때도 있다. 이때 부모 마음은 타들어가겠지만, 아이도 심란하긴 마찬가지다. 부모가 포기하지 않을 것이라 판단되면 결국 결국 아이도 조용해진다. 아이가 30초 정도 조용히 있으면 그때 다가가 아이에게 다시는 그러한 행동을 하지 않겠다는 약속을 받는다. 만일 장난감을 치우라는 말을 듣지 않았다면 장난감을 치우겠다고 약속하고, 부모에게 욕을 했다면 다시는 그러지 않겠다는 약속을 받아야 한다. 아이가 약속을 하지 않거나 약속대로 행동하지 않으면 다시 타임아웃 시간을 갖는다. 이렇게 아이가 지시를 따르고 약속을 지킬 때까지 타임아웃은 반복된다.

어떤 아이들은 의자에서 계속 일어나 달아나려 하기도 한다. 이럴 때 부모는 의자 뒤에 선 다음 아이의 팔을 의자 뒤로 돌려 잡거나 아이 옆쪽에 앉아서 한 팔은 아이 가슴 앞부분에, 다른 팔은 의자 등 뒤로 놓은 후 양손을 맞잡아 도망가지 못하게 한다. 이때 부모는 아이를 다치게 하려는 게 아니며, 의자에서 일어나지 않으면 바로 풀어준다고 말해 아이를 안심시킨다. 배가 고프다거나 아파서 토할 것 같다거나, 화장실에 가고 싶다며 의자에서 일어나려 할 경우에도 단호해야 한다. 만일 아이가 타임아웃이 있기 전부터 아픈 상태가 아니라면 이러한 말들은 무시한다. 매우 드물기는 하지만 어떤 아이들은 억지로 토하기도 하는데, 그렇더라도 타임아웃을 해제하면 안 된다. 정해진 시간 동안 생각하는 의자에서 보낸 후에 지시에 따르겠다고 약속할 때까지 머물게 한다. 그 후 아이에게 약속을 따르게 하고, 자신이 더럽힌 자리까지 치우게 한다.

이런 경험을 한 번 하게 되면 아이는 잔꾀를 부리거나 부모를 협박하는 행동은 하지 않고, 다음 타임아웃 시간은 크게 줄어든다. 아이들도 빨리 말을 들을수록 자신에게 이롭다는 것을 알게 되기 때문이다. 타임아웃 동안 부모는 아이와 언쟁하지 말아야 하며, 타임아웃이 끝나면 평소대로 상호작용을 이어나간다. 타임아웃에 대해 미안해하거나 잔소리를 덧붙일 필요도 없다. 부모는

아이에게 잘못된 행동을 하면 어떤 일이 일어날지 분명히 경고한
것이고, 그럼에도 아이가 잘못된 행동을 한 것은 오롯이 아이 자
신의 선택이다. 타임아웃을 통해 자신이 선택한 결과를 체험한
아이는 그 후로 보다 현명하고 올바른 선택을 하게 된다.

조부모, 이모와 같은
주변인의 역할

외동아이는 부모뿐 아니라 조부모, 이모, 고모, 삼촌 등 다른 가족 구성원들의 관심도 한몸에 받는다. 이 관심은 외동아이 부모의 육아에 짐을 덜어주는 훌륭한 사회적 지원이지만 때로는 아이를 버릇없게 만드는 원인이 되기도 한다. 아이의 잘못된 행동에 대해 부모가 훈육을 하려 하면 "괜찮아, 그럴 수도 있지", "왜 아이 기를 죽여!"라며 부모의 훈육을 제지하거나 "어서, 엄마한테 다시는 안 그럴게요, 해야지. 애미야, 이제 안 그런단다. 봐줘라"며 아이를 감싸는 조부모들을 어렵지 않게 볼 수 있다. 부모 입장에서는 어르신의 말씀을 거역하는 것이 부담이기에 내키지 않아도 따를 수밖에 없을 때가 많다. 그러다 보면 아이는 자신이 잘못된 행동을 해도 별문제 없이 지나간다는 생각에 잘못을 고치려고 하지 않는다.

때로는 부모가 만든 규칙을 주변 사람들이 앞장서서 어기기도 한다. 아침 식사 전에는 젤리나 사탕, 과자 먹지 않기, 하루에 TV는 한 시간만 보기 등의 규칙을 정해놓았어도 할머니 집에만 가면 규칙을 지키기 어렵게 된다. 할머니, 할아버지가 막 잠에서 깬 아이에게 "너, 이거 좋아하지?"라며 젤리를 주거나, 아예 TV 리모컨을 아이 손에 쥐여주기도 한다. 처음엔 아이도 부모 눈치를 보지만 점차 '아, 할머니 집에 있을 땐 내 맘대로 해도 되는구나'라고 생각해 규칙을 무시하고, 나중에는 집에서도 자기 마음대로 하겠다고 우기게 된다.

이 때문에 많은 부모들이 집에서는 별문제가 없는데 할머니 집에만 갔다 오면 제멋대로 굴어서 힘들다고 하소연한다. 또다시 아이의 버릇을 제대로 들이려고 아이를 훈육하는데, 이런 경우 아이를 훈육한다고 해서 문제가 해결되지 않는다. 바뀌어야 할 사람은 아이가 아니라 아이가 이렇게 행동하게끔 만든 사람들이다. 그들이 바뀌지 않으면 아이는 그들과 함께 있을 때는 계속 그렇게 행동한다. 때문에 부모는 아이와 관계 있는 다른 사람들과도 육아에 대해 협력해야 한다. 특히, 조부모와의 협력이 가장 중요하다. 이모, 고모, 삼촌, 베이비시터들에게는 그리 어렵지 않게 부탁이나 요청을 할 수 있지만 조부모 등의 어르신은 조심스러울 수밖에 없다. 이미 자식을 키운 육아 경험자에게 우리 방식을 말하는 게 건방지게 비춰지면 어쩌나, 맞벌이로 도움을 받으면서 까다롭게 군다고 싫어하면 어쩌나 하는 생각에 하고 싶은 말을 입 밖으로 꺼내는 것도 어려울 수 있다. 하지만 조부모의 행동이 의도한 것은 아니지만 아이의 버릇을 나쁘게 한다고 판단되면 용기를 내야 한다. 그것이 아이를 위한 일이다.

조부모와 육아에 대해 대화할 때는 먼저 조부모의 아이에 대한 사랑에 감사한 마음을 충분히 전하는 게 필요하다. 그다음 조부모와 부모가 일관된 방식으로 육아를 하는 게 얼마나 중요한지에 대해 말하며 협조를 구해야 한다. 일관성 있는 육아를 위해서는 규칙이 있어야 하고, 아이와 관련된 사람들이 규칙을 알고 지키려고 노력할 때 아이가 가장 잘 성장하고 발달한다는 사실도 강조한다. 이때 부모는 조부모에게 가르치거나 명령하는 게 아니라 육아 관련 책이나 프로그램, 전문가를 통해 배운 정보를 전하는 방식으로 말하는 게 상황을 좀 더 부드럽게 만들 수 있다. "어머니, 제가 우리 민지를 잘 키우려고 공부를 좀 했잖아요? 후후. 책을 읽었는데요, 아이 키울 때 가장 중요한 게 바로 규칙적인 생활이래요. 먹고 자고 노는 하루 일과가 규칙적일 때 아이들이 가장 안정감을 느낀대요. 그 규칙에는 아이가 지켜야 하는 생활 규칙이 있는데 해도 되는 것, 안 되는 것을 배워야 하는 시기라서 이런 것들을 아이가 분명하게 배울 수 있도록 규칙을 정해 일관성 있게 알려줘야 한대요. 만일 아이를 돌보는 사람이 여럿이면 아이가 헷갈리지 않게 모든 사람이 규칙을 일관성 있게 지키는 게 무엇보다 중요하다고 해요. 사공이 많으면 배가 산으로 간다잖아요. 그래서 어머님, 제가 우리 민지가 지켜야 할 규칙들을 만들어보았는데요, 한번 봐주세요”라는 식으로 말문을 열 수 있다. 규칙들을 점검할 때 이견이 큰 규칙이 있다면 그 규칙이 필요한 것인지 다시 숙고해본다.

조부모들이 손주의 버릇을 다 받아주는 것은 손주가 마냥 예쁘기도 하지만, 훈육이 버겁기 때문이기도 하다. 잘못된 행동임을 알지만, 체력도 달리고 힘들어서 그냥 내버려두는 것이다. 때문에 부모는 조부모가 부모처럼 아이의 훈육까지 다 알아서 하기를 기대하는 것은 무리일 수 있다. 만일 조부모가 훈육을 어려워한다면 부모가 함께 있을 때는 부모가 훈육을 담당하고, 부모가 없을 때에는 부모에게 알려달라고 한다. 부모의 훈육을 지켜보는 게 마음이 아파 힘든 조부모라면 부모가 훈육하는 동안에는 잠시 자리를 피하는 것도 좋다. 부모가 감정적이고 처벌적인 방식으로 훈육하지 않는다면 대부분의 조부모는 부모의 육아 방식을 받아들인다. 부모는 평소 자신의 훈육 방식이 어떤지 살펴보는 시간을 갖도록 하자.

Part 4

연령대별
사회성 키우기 가이드

외동아이는 태어날 때부터 '나눌 필요 없는 자리'에서 자라기 쉽다. 장난감도, 관심도, 대화도 오롯이 자기 몫이고, 대부분 부모와 일대일의 관계를 맺으며 자란다. 그 안에서 아이는 안정감과 사랑을 충분히 누릴 수 있지만 '함께' 살아가는 데 꼭 필요한 사회성은 자연스럽게 채워지기 어렵다.

사회성은 경험 속에서 자라는 능력이다. 누군가와 부딪히고, 기다

리고, 양보하고, 다투고 다시 화해하면서 아이는 세상과 관계 맺는 법을 배워나간다. 형제자매가 있는 아이들은 이런 과정을 집안에서 자연스럽게 겪지만, 외동아이는 의도적으로 관계의 장을 마련해주지 않으면 그 기회를 얻기 어렵다.

사회성은 단지 친구를 잘 사귀는 능력에만 그치는 것이 아니라, 자신의 감정을 표현하고 타인의 감정을 헤아릴 수 있으며, 협력하고 갈등을 건강하게 해결하는 힘을 포함한다. 이 능력들은 아이가 자라서 세상을 살아갈 때 큰 힘이 되어준다.

아이의 사회성을 키우기 위해서는 연령에 따른 부모의 역할도 달라져야 한다. 처음에는 '사회적 경험을 만들어주는 안내자'가 되어야 하고, 조금 더 크면 '관찰자이자 지지자, 중재자'로, 더 자라면 '조언자'로 아이의 성장에 따라 부모 역할을 꾸준히 업데이트해 나가야 한다. 이러한 부모의 노력은 아이를 '혼자 자랐어도 다른 이들과 함께 어울려 살아갈 수 있는' 우리 사회의 당당한 구성원으로 성장할 수 있게 해준다.

세상과의
첫 만남

0~18개월

아기의 사회성은 세상을 처음 만나는 순간부터 싹트기 시작한다. 비록 말은 하지 못해도 아기들은 부모의 표정과 목소리, 그리고 부모가 다른 사람을 대하는 태도를 살피며 세상과 타인에 대한 첫인상을 만들어간다. 부모가 주변 사람들에게 긍정적이고 편안한 태도를 보일수록, 아기도 자연스럽게 타인에 대해 따뜻한 감정을 갖게 된다.

생후 1년까지는 또래보다는 성인과의 관계가 훨씬 더 중요하다. 그러나 1년이 지나면서 아기들은 서서히 또래에게 관심을 보이기 시작하므로, 이 시기에는 즐겁게 어울릴 수 있는 경험을 짧게라도 마련해주는 것이 사회성 발달에 도움이 된다. 다만, 이 시기의 아기들은 아직 스스로 관계를 조절하거나 갈등을 해결할 만큼 사회적 기술이 발달해 있지 않다. 따라서 부모는 아기의 기질, 컨디션, 발달 수준 등을 세심하게 고려해 아기가 사람들과 만나는 경험이 긍정적이고 안전하게 이루어지도록 부드럽게 중재해주어야 한다. 이러한 부모의 세심한 안내는 아기가 세상을 향해 편안하게 마음을 열고, 이후의 사회적 관계를 건강하게 맺어나가는 데 중요한 첫걸음이 된다.

생후 6개월,
사회성 발달의 중요한 시기

다른 사람과 어울릴 수 있는 기회는 어릴 때부터 주어지는 게 좋다. 아기들은 아주 어릴 때부터 다른 아기들에게 관심을 보이며 생후 6개월 정도가 되면 간단한 상호작용을 할 수 있을 정도가 되지만, 만 1세까지는 또래보다는 성인과의 관계가 더 중요하다. 아기들은 생후 1년간 양육자와의 친밀한 상호작용을 통해 애착을 형성하기 때문에 이 시기에는 부모의 역할이 가장 중요하다. 또 아기를 안전하게 돌보고 부드럽게 대하는 조부모나 이모, 고모, 삼촌 혹은 이웃, 부모의 지인 등 부모 외의 어른들과도 자주 만나는 것이 아이의 사회성에 도움이 된다. 그렇다고 너무 많은 사람들을 동시에 만나게 하거나 과도한 사회적 자극은 아기에게는 두렵고 감당하기 어려운 것이므로 피해야 한다. 여러 사람이 서로 안아보겠다며 아기를 이리저리 돌리거나 아기 앞에서 너무 큰 소리로 웃고 떠들면 아기들은 울음을 터트린다. 졸리거나 배고픈 아기를 애착 대상인 부모가 아닌 다른 성인이 돌볼 때도 아기들은 불편해한다. 아기와 접촉하는 성인이 아기의 컨디션을 잘 살피고 대할 때 아기는 부모가 아닌 다른 성인도 자신을 안전하게 지켜주고 돌봐줄 믿을 만한 존재라고 여기며, 그들과의 접촉을 편안해한다.

생후 6개월은 아기의 사회성 발달에 매우 중요한 시기다. 이때가 되면 옹알이도 하고, 감정 표현도 보다 다양해지고 할 줄 아는 게 많아진다. 전에 비해 주변 사람들에 대한 관심도 많아져 다른 아기나 성인과 상호작용하는 것을 좋아한다. 이렇듯 사회적 관심이 부쩍 커지는 시기이지만 동시에 낯가림이 시작되는 시기이기도 하다. 생후 6개월이 되면 대부분의 아기는 누가 엄마, 아빠인지 확실히 알고 부모와 다른 사람들을 변별할 수 있게 되면서 낯선 사람에 대한 경계를 보이는 낯가림이 나타난다. 아기의 기질에 따라 정도의 차이는 있지만 생후 6개월에서 12개월 사이의 아기들 대부분은 부모가 없거나 친숙하지 않은 사람이 갑자기 다가오면 불안해하며 부모를 찾는다. 기질적으로 까다로운 아이들이 낯가림을 심하게 한다고 알려져 있지만, 외동아이처럼 평소 타인을 볼 기회가 적은 아이들도 낯가림이 심하게 나타날 수 있다. 부모가 곁에 있어도 다른 사람이 안으려 하거나 말을 걸면 울거나 강하게 거부하며 부모에게 매달린다. 낯가림이 심한 아기를 둔 부모라면 '시댁에 갔는데 할아버지가 안으려 하자 자지러지게 울어서 난감했다'거나 '아기가 하도 쳐다보고 울어서 집에 온 손님들이 일찍 돌아갔다'는 이야기들을 한 번쯤은 들어봤을 것이다. 아기가 이렇게 굴면 부모는 민망하기도 하고, 아기의 사회성이 걱정되어 아기에게 잔소리를 하거나 억지로 다른 사람에게 가라고 미는데, 이러한 행동은 아기의 낯가림을 줄이고 사회성을 발달시키는 데 전혀 도움이 되지 않는다. "왜 그래? 할아버지잖아. 할아버지가 지훈이 예뻐해주시는 건데 왜 그래?"라며 아기를 질책하고 강제로 할아버지에게 데려가면 아기의 낯가림은 더욱 심해지고 부모와의 분리불안은 증폭될 수 있다.

신뢰감 형성의
골든 타임

생후 1년 미만의 아기가 대인관계 경험을 통해 얻어야 할 것은 신뢰감이다. 이를 위해 타인은 아기가 믿고 편안함을 느낄 수 있는 존재가 되도록 주의 깊게, 천천히 다가가야 하며, 부모는 타인이 믿을 수 있는 존재라는 것을 아기가 느낄 수 있게 행동해야 한다. 아기가 믿고 의지하는 부모가 타인과 웃고 대화하며 친근한 모습을 보여주면 아기는 '아, 저 사람은 안전한 사람이구나. 믿어도 되는 구나'라고 생각해 낯선 사람에 대한 경계를 누그러트리고 그 사람과의 상호작용을 받아들이게 된다. 이처럼 아이가 타인에 대한 신뢰감을 형성하는 데는 부모의 역할이 가장 중요하다.

타인에게 아기와의 상호작용에 도움이 되는 정보를 제공해 상호작용이 성공적으로 이루어지도록 도와야 할 때도 있다. 내 아이에 대해 가장 잘 아는 사람은 부모이기 때문에 부모의 정보는 타인이 아기를 이해하고 성공적으로 관계를 형성하는 데 매우 유용하다.

딸아이는 어릴 적에 낯가림이 극심했는데, 첫 만남 후 30분이 늘 고비였다. 집에 손님이 방문하면 딸아이는 미간을 잔뜩 찌푸린 채 내 무릎에 앉아 낯선 사람을 뚫어지게 쳐다보았는데, 만일 그 사람이 30분이 되기 전에 과하게 아는 척을 하고 만지거나 말을 시키면 난리가 났고, 이후로는 전혀 그 사람을 보려고도 하지 않았다. 반면 자신에게 크게 관심을 보이지 않는 사람에게는 대략 30분이 지나면 경계심을 풀고 평소처럼 행동했다. 딸아이는 현관에 들어서자마자 "지수야! 고모 왔다"라며 들뜬 목소리로 팔을 벌려 달려오는 고모보다 TV를 고치러 온 수리기사 아저씨를 더 편하게 여겼다. 물론 수리기사 아저씨가 집에 들어오는 순간부터 바짝 긴장해서 얼어붙긴 했지만 묵묵히 TV를 고치는 아저씨를 지켜보다 30분 정도가 지나면 평소처럼 간식을 먹거나 장난감을 갖고 놀았다. 이 사실을 알게 되고 나는 우리 집에 오는 사람들에게 딸아이의 낯가림에 대해 알려준 후, 다음과 같이 부탁했다.

“30분입니다! 30분만 잘 버티면 돼요. 그 시간 동안 ‘나는 네게 들이대지 않을 거야. 너의 몸을 함부로 만지지 않을 거야. 나는 네게 관심이 많지만 네가 준비될 때 다가갈 거야’와 같은 메시지를 전달하는 게 중요합니다! 집에 오시면 먼저 제가 반갑게 맞이할 거예요. 그럼 저와 인사를 나누고, 다정한 눈빛과 부드러운 미소로 지수를 보며 ‘안녕’ 하고 말해주세요. 이건 짧게 해야 해요. 오래 보면 아마 지수는 울음을 터트릴 거예요. 짧게 지수를 보고 말한 후 다시 저와 이야기를 나눠요. 자리에 앉은 후 편하게 저와 대화를 하다가 잠깐씩 지수를 쳐다보며 미소지어 주시면 돼요. 지수를 크게 의식하실 필요는 없어요. 그동안 지수는 마치 레이저를 쏘듯 뚫어지게 보겠지만 대략 30분 정도가 지나면 평소처럼 행동할 거예요. 그때 제가 지수가 좋아하는 장난감을 건넬게요. 지금 지수는 동물 소리 나는 장난감 전화기에 빠졌거든요. 특히 개구리 소리를 좋아하니까, 전화기에서 버튼을 누르고 ‘개굴개굴’ 뭐, 이런 식으로 웃으며 재밌는 소리를 내주면 관심을 보일 거예요. 그때 지수 옆으로 좀 더 가까이 다가가서 장난감 전화기를 내밀면 지수가 전화기 버튼을 누를 거고, 그때 나는 소리, 그러니까 ‘꿀꿀’, ‘멍멍’ 같은 소리를 웃긴 표정으로 재밌게 따라 하면 됩니다. 아마 그때 처음으로 지수의 웃는 모습을 볼 수 있을 거예요. 이렇게까지 하게 해서 죄송합니다. 고맙습니다.”

이 작전은 대단히 성공적이었는데, 이 같은 경험을 몇 번 한 후 딸아이의 낯가림은 눈에 띄게 줄어들었고, 낯선 사람을 자신과 놀아주는 사람이라 생각했는지 언제부터인가 기대하는 눈빛으로 바라보다가 장난감을 건네주기도 했다.

　요즘처럼 핵가족이 대부분인 사회에서 외동아이는 사회적 관계망이 극히 협소할 수 있다. 만나는 사람이 친가, 외가 조부모에 한정되어 있는 경우도 많다. 친인척처럼 익숙한 사람들하고만 접촉하는 것보다 아기일 때부터 주변에 다양한 사람들이 있다는 것을 알려주고, 이들에 대해 긍정적인 감정을 갖게 해주는 편이 좋다. 친한 사이가 아니더라도 오가며 만난 사람들도 좋은 사람들이라고 느끼게 해주며 긍정적인 호기심을 갖게 해주면 된다. 외출할 때 마주치는 사람에게 부모가 인사하고 편하게 말을 주고받는 모습을 보여주고 다른 사람에 대해 긍정적으로 말해주는 사소한 행동이 아기가 타인에 대해 긍정적인 상을 갖게 해주는 데 영향을 준다.

　생후 6개월만 되어도 아기들은 부모의 표정을 통해 감정을 인식할 수 있기 때문에 부모의 반응을 관찰해 어떤 사람이 좋은 사람인지, 나쁜 사람인지, 다가가도 되는지 피해야 하는지를 결정한다. 만일 부모가 아기에게 다가오는 사람에게 인상을 찌푸리거나 사람들이 있는 곳을 피해 한적한 곳으로만 산책을 다니고 말을 붙이는 사람에게 짤막하게 답변하고 자리를 피하면, 아기 역시 부모와 비슷하게 행동하게 된다.

모든 사람들이 외향적인 것은 아니기 때문에 내성적이고 수줍음이 많은 부모는 타인을 싫어하는 것이 아니어도 쉽게 다가가고 살갑게 행동하는 게 어려울 수 있다. 그래도 노력해보자. 같은 동네에 사는 사람을 마주칠 때, 엘리베이터를 타고 내릴 때 미소 짓고 인사하며 짤막한 스몰토크를 나눌 수 있을 정도면 된다. 아기를 보면 많은 사람들이 손을 흔들어주거나 "아이, 귀여워"라고 말해주는 등 친근한 행동으로 관심을 보인다. 이때 반응만 잘해주면 된다. 아기의 손을 같이 잡고 흔들며 "안녕하세요!"라고 말하고 "할머니가 우리 지수 귀엽다고 칭찬해주시네, 고맙습니다 하자"라고 하면 아기는 다른 사람들이 좋은 사람이며 자신을 좋아해준다고 생각해 호감을 느끼게 된다.

또래와의
교감

아기들은 늘 다른 아기들에게 관심이 있다. 생후 6개월 정도가 되면 서로를 보고 미소 짓거나 손으로 만지려 하는 등의 간단한 상호작용을 할 수 있고, 돌이 지나면 상대방 아기의 행동을 따라하려고 한다. 생후 18개월경에는 거의 모든 아기들이 사교적인 특성을 보이는 상호작용을 시작하는데, 이 시기 아기들은 서로의 행동을 모방하는 것에 큰 기쁨을 느낀다. 예를 들면 한 아기가 한쪽 다리를 쳐들고 "우부부부"라는 소리를 내면 다른 아이도 똑같이 다리를 들고 따라 한다. 다시 같은 행동, 혹은 다리 대신 팔을 드는 식의 약간 변형된 행동을 반복한다. 이때 아기들을 보면 재밌어서 웃음이 끊이지 않는다. 이렇게 서로 교대로 하는 것처럼 보이는 행동은 일종의 사회적 게임으로, 아기들은 이 과정에서 사회적 유대감을 형성하게 된다. 따라서 생후 18개월 이후에는 또래와 어울릴 수 있는 기회를 자주 마련해주는 것이 사회성 발달에 도움이 된다. 물론 이 시기의 아기들이 스스로 또래와 협력해서 놀 수 있는 것은 아니다. 서로를 보고 까르르 웃고 행동을 따라 하다가도 각자 자신만의 놀이를 하는 평행놀이를 보이며, 자발적으로 장난감을 나누는 것도 어렵다. 그럼에도 이 시기에 또래와의 접촉은 중요한데 다른 아이의 행동을 관찰하고 모방하며 어른의 도움으로 장난감을 공유하고 잠깐이나마 함께 놀이하는 경험은 이후의 협력 놀이와 더 복잡한 사회적 기술을 발달시키는 기초가 되기 때문이다.

출산 후 산후조리원에서 만난 산모들끼리 '산후조리원 동기모임'을 갖는 경우도 꽤 많다. 비슷한 시기에 태어난 또래들을 만나는 데 이 모임만큼 좋은 것도 없다. 이 모임을 활용해 아기의 사회성 발달을 높여주고 싶다면 다 같이 모이는 것도 좋지만 둘씩 만나는 것을 권한다. 다수보다는 소수로 만날 때 서로에 대한 집중력이 높아지며 유대감도 더욱 강화될 수 있기 때문이다. 모임에서 우리 아기와 좀 더 잘 맞을 것 같은 아기가 있다면 짝을 지어주고 함께하는 시간을 자주 갖도록 하자. 이때 아기들이 만나는 장소로는 집이 가장 좋다. 그렇다고 한집에서만 놀지 말고 홈그라운드에서도 놀고 상대방 집으로 원정을 떠나기도 하자. 아기는 자기 집에서 놀면서 자신의 장난감을 나누고 부모의 관심도 나누는 경험을 하며 '공유하기'에 대해 배우고, 상대방 집에 가서는 새로운 환경에 적응하는 법을 익히게 된다.

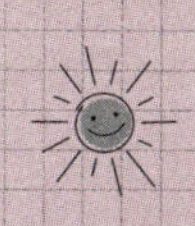

규칙 지키기

유아들의 모임을 가질 때 우선적으로 고려해야 하는 것은 아기들의 생리적 컨디션이다. 졸리거나 아프거나 피곤하고 배고플 때는 아무리 성격 좋은 아기일지라도 까다롭게 반응하므로 아기들이 완전히 깨어 있고 활발히 움직일 때 만나는 게 가장 좋다. 너무 오랜 시간 만나는 것도 좋지 않은데, 유아들은 오랜 시간 놀게 되면 피곤해져서 짜증을 내기 쉽다. 아기들이 놀이 중 지나치게 흥분했다고 생각된다면 잠시 휴식 시간을 주어 흥분을 가라앉히고 에너지를 충전하게 도와준다. 아기들이 잠시 쉴 수 있는 공간을 마련해두어 흥분했거나 피곤할 때는 잠시 외부 자극을 차단하고 그 공간에서 쉬도록 한다. 조용한 방의 침대나 소파에서 쉬거나, 유모차의 덮개를 내리고 휴식을 취한 후, 진정이 되고 기력이 회복되면 다시 또래와의 상호작용을 이어나가면 된다. 6개월에서 18개월의 유아는 30~40분 정도 놀았다면 쉬는 시간을 갖도록 한다. 놀이 중에도 아기가 눈을 비비거나 짜증을 내는지 관찰해 휴식이 필요한지 확인한다.

아기들이 함께할 때 부모는 가까운 거리에 머물며 혹시 모를 충돌에 대비해야 한다. 아기들끼리만 두면 몸을 밀치거나 당겨서 넘어지거나 부딪치는 일들이 자주 일어나는데, 이런 행동은 상대를 일부러 아프게 하기 위한 의도를 지닌 공격적인 행동은 아니다. 이는 서투른 움직임 때문으로 아기들은 아직 자신의 몸과 힘을 조절하는 능력이 미흡하다. 자리에서 일어나기 위해 옆에 있는 아기의 머리를 잡아당기고, 신이 나서 팔을 휘젓다가 치거나 할퀴기도 하는데, 이러한 행동이 고의는 아니었어도 결과적으로는 상대를 공격한 셈이기 때문에 당한 아기는 화나고 무서워서 자신을 그렇게 대한 친구를 때리거나 피하게 된다. 이런 일이 생기지 않도록 부모는 아기들이 너무 가깝게 붙어 있지 않게 대략 50~70센티미터 정도의 거리를 두는 게 좋다. 또한 부모가 손을 뻗으면 닿을 수 있는 거리에 있으면서 또래 간에 불편한 신체 접촉이 예상될 때 개입해 예방해준다. 예를 들어 다른 아기에게 관심을 보이며 얼굴을 만지려고 할 때, 엄마가 아기 손을 함께 잡고 만져도 될 곳을 부드럽게 쓰다듬어주며 "아이, 친구 좋아!"라고 말해주면 발생할 수 있는 위험 상황을 예방하고 다른 아기를 대하는 올바른 방법도 알려줄 수 있다. 아기들은 움직임은 서툴지만 이리저리 돌아다니는 것을 좋아하므로 아기들이 놀이하는 공간은 넘어지거나 부딪쳐 다칠 위험이 없도록 환경을 정리하는 것도 필요하다.

　18개월 유아의 소유 개념은 아직 초기 단계로 자기중심적이다. 즉, 소유를 자신의 시각에서만 이해하는 것으로, 자신이 사용하고 있는 물건이나 마음에 드는 물건은 무조건 '내 것'이라고 주장한다. 아직 다른 사람의 소유물을 존중하는 개념이 부족해 친구가 놀고 있는 장난감을 갑자기 뺏거나 자기 것이라고 주장한다. 또 자신의 소유물임을 확실히 주장하기 위해 반복적으로 "내 거야"라고 말하거나 꼭 쥐고 뒤로 감추는 등의 행동을 한다. 이렇듯 아직은 내 것과 네 것의 구분을 못하기에 장난감을 함께 쓰거나, 번갈아 사용하는 일이 당연히 쉽지 않다. 따라서 이 시기에는 소유에 대한 기본 개념을 알려주는 게 우선되어야 한다.

　아기가 다른 아기의 것을 만지려 한다면 이를 제지하고 "이건 하율이 거. 하율이 장난감이야. 이건 우리 이안이 거네. 이거 갖고 놀자"라며 물건의 소유를 확실하게 구분해준다. 계속 상대의 것을 가지려 하면 "안 돼. 이건 하율이 거여서, 하율이한테 물어봐야 해. '하율아, 해도 돼?'라고 물어보고 된다고 하면 그때 갖고 노는 거야"라고 말한다. 아직 이런 말을 할 정도의 언어 수준이 아니라면 부모가 대신 말해줄 수 있다. "하율이한테 해도 되는지 물어보

자. 하율아, 이안이가 네 장난감 갖고 놀고 싶대. 해도 돼?"라고 묻고 상대의 반응을 살핀다. 그 장난감을 만졌을 때 별다른 반응이 없다면 대부분 허락의 뜻이므로 고마움을 표현하면 된다. "하율이가 빌려줬네. 이안아, 하율이한테 '고마워' 해야지"라며 부모와 아기가 함께 감사인사를 한다. 문제는 상대가 허락하지 않을 때인데, 아직 아기들은 거절당하면 대부분 울고 화를 내기 때문에 부모는 이에 대비해야 한다. 거절당할 때를 대비해 부모는 아기가 흥미를 가질 만한 장난감을 아기 몰래 챙겨가는 게 좋다. 이때 장난감은 아기가 매일 갖고 놀던 것이 아닌 새로운 것이거나 아기가 좋아하는 것이어야 한다. 상대 아기가 빌려주지 않으면 "하율이가 지금은 안 된대. 더 갖고 놀 거래. 이따가 다시 물어보자. 지금은 네 거를 갖고 놀자"라고 말하고 아기가 갖고 놀던 장난감을 내민다. 하지만 아기가 이를 뿌리치고 상대의 장난감을 뺏으려 한다면 아기의 몸을 잡고 얼른 준비한 새로운 장난감을 꺼내며 "어머, 이게 뭐야! 멍멍이 인형이다. 멍멍!"하며 아기의 관심을 유도한다. 대부분의 아기는 새로운 장난감에 흥미를 보이며 떼를 멈춘다. 이렇게 소유에 대한 개념을 심어주며, 자신의 것이 아닌 것을 원할 때는 반드시 요청하고 허락을 구해야 함을 꾸준히 알려주어야 한다.

함께 나눠 쓰는 경험도 늘려주어야 하는데, 이러한 공유 경험은 간식과 장난감을 이용하면 쉽게 할 수 있다. 쌀떡뻥 같은 과자를 하나씩 나눠주어 사이좋게 먹게 하거나 컵에 튀밥이나 작은 과자를 번갈아 넣어주고 건배를 하며 먹게 하거나 혹은 아기들이 직접 상대의 컵이나 손바닥에 먹을 것을 놓게 한 후 "같이 먹자", "친구에게 과자를 줬네. 잘 나눠주었어"라며 함께 나눈 것에 칭찬을 해준다. 아기들이 번갈아 할 수 있는 장난감을 준비해 "우리 함께 이 장난감을 갖고 놀자"라며 놀이를 통해 자연스럽게 공유를 경험할 수 있게 하는 것도 필요하다. 링 끼우기, 사운드 퍼즐박스 같은 장난감이 있다면 부모가 장난감을 들고 아기들이 번갈아 링이나 퍼즐을 끼워놓을 수 있게 한다. 공과 장난감 자동차도 공유를 알려줄 수 있는 매우 훌륭한 놀잇감인데, 공이나 자동차를 서로에게 굴리면서 아기들은 함께 노는 게 재밌다는 것을 알게 되면 나눔을 보다 잘 받아들일 수 있게 된다. 가끔은 자발적으로 다른 아기에게 자신의 간식이나 장난감을 나눠주기도 하는데, 이때 "와, 친구와 나눠 먹는구나. 친구에게 장난감을 빌려주었구나. 참 착하구나"처럼 아기의 나누는 행동에 듬뿍 칭찬을 해주어야 한다.

CHAPTET 2

또래와의
관계 형성기

- - - - - - - - - - - - - - - - -

19개월~7세(만 5세)

이 시기 아이들은 본격적으로 또래와 관계를 맺으며 사회성을 빠르게 키워나간다. 또래와 놀고 싶은 욕구가 크게 높아지고, 함께 보내는 시간도 점점 늘어나지만 모든 아이가 또래 관계를 시작하거나 유지하는 데 능숙한 것은 아니다. 따라서 부모의 적절한 지원이 필요하다. 또래 관계를 시작하는 게 어려운 아이라면 부모나 어른이 환경을 조율해 자연스럽게 끼어들 수 있는 상황을 만들어주는 것이 중요하다. 또 관계를 지속하기 위해서는 나누기, 차례 지키기, 간단한 규칙 따르기와 같은 기본적인 사회성 기술이 필수이며, 발달한 언어를 바탕으로 예의를 갖춘 대화도 배워야 한다.

이 시기는 특히 상호 호혜성이 발달하는 시기이기도 하다. 서로 주고받는 경험을 통해 아이들은 '내가 너에게 해준 만큼, 너도 나에게 해줄 수 있다'는 관계의 균형을 배워간다.

또래와의 접촉이 많아지는 만큼 갈등 역시 잦지만, 갈등은 사회성 발달에 꼭 필요한 과정이다. 부모가 갈등을 단순히 나쁜 일로 여기기보다, 갈등 해결 방법을 배우는 중요한 기회로 안내해줄 때 아이들은 스스로 문제를 해결하는 힘을 키워갈 수 있다.

또래 앞에서
수줍어하는 아이

우리 동네 '나비 놀이터'는 3~4시가 되면 하원을 마친 아이들로 복작거린다. 마치 참새가 방앗간 못 지나치듯 집에 가기 전 들리는, 나름 유아들의 핫플과도 같은 곳이다. 늘 뭐가 그리 바쁜지 뛰어다니는 아이들과 땅바닥을 들여다보며 열심히 뭔가를 하는 한 무리의 아이들이 있어 아주 생동감 넘친다. 주로 어린이집이나 유치원에 다니는 유아들로 입고 있는 체육복을 보면 다니는 곳이 다 달라 보이는데도 자기들끼리 제법 잘 어울린다. 하지만 시야를 더 넓혀보면 아이들 무리에서 약간 떨어진 곳에는 그 아이들을 부러운 듯 지켜보는 아이들이 한두 명은 꼭 있다. 끼고는 싶지만 다가갈 용기가 없는 아이들이다. 형제자매라도 있으면 언니나 형을 따라다니며 끼어보겠지만 외동아이는 혼자 해야 한다. 사교적인 성격이라면 이런 것들이 별 문제는 아니지만 기질적으로 수줍음이 많고 적응하는 데 시간이 걸리는 외동아이들에게는 꽤 용기가 필요한 어려운 일이다.

어떤 외동아이 부모는 아이가 옆에서 30분 넘게 지켜보고 있는데도 아이들이 끼어주지 않았다며 요즘 아이들은 어릴 때부터 따돌림을 한다며 하소연을 하는데, 사실 그건 아이들의 잘못이 아니다. 요즘 아이들이라서 그런 게 아니고 따돌림을 한 것도 아니다. 그런 행동은 발달의 미숙함 때문이라고 보는 게 정확하다. 아마도 아이들은 '쟤는 왜 안 놀지? 왜 보고만 있지?'라고 생각했을 수 있다. 아이들 사이에 끼고 싶은 아이와 어떻게 끼어줘야 하는지 모르는 아이들을 그냥 내버려두지는 말자. 어른이 아무것도 하지 않으면 끼고 싶었던 아이는 자신이 놀이 친구로서 매력이 없는 존재라고 여겨 또래 관계에서 점점 위축될 수 있다.

그럼, 어떻게 도와줘야 할까? 가장 쉽고 효과적인 방법은 부모가 아이와 함께 놀이를 시작하는 것이다. 그냥 자연스럽게 끼어들면 된다. 예를 들어보자. 아이들이 시소 근처에 모여 있다. 가까이 가서 보니 시소를 절구 삼아 아래에 나무 열매를 놓고 빻고 있다. 우리 아이도 그곳에 끼고 싶어 하지만 다가가지 못한다면 "너도 궁금하구나. 같이 가보자"라며 아이 손을 잡고 아이들 근처로 간다. "와, 시소로 이것들을 빻은 거야?"라고 말을 건네면 거의 모든 아이들이 쳐다보며 "네, 저기 있는 빨간 열매로 한 거예요"라고 대답할 것이다. 이렇게 아이들의 주목을 받으면 간단히 자기소개를 한다. "아, 그렇구나. 재밌게 놀고 있었네. 아, 참. 안녕? 얘(아이를 가리키며)는 지수라고 해. 다섯 살이야. 난 지수 엄마란다. 만나서 반가워." 이쯤 되면 아이들도 간단히 통성명을 하기 시작한다. "어, 나도 다섯 살인데", "내 친구 이름도 지수인데", "아줌마, 내 이름은 아현이에요." 물론 이때도 수줍은 우리 아이는 아무 말도 하지 않은 채 굳어 있을 수 있다. 괜찮다. 아이가 빨리 상호작용에 참여해줬으면 좋겠지만 지금은 부모가 아이들과 편안하게 어울리는 모습을 보여주는 게 더 중요하다. 이제 엄마는 아이들의 놀이에 좀 더 적극적으로 참여해본다. "얘들아, 우리 시소로 빻을 만한 재료들을 더 찾아보는 건 어떨까? 우리 저쪽으로 가보자" 하면 따라나서는 아이들이 생긴다. 그러면 "자, 우리 한 줄 기차로 갑시다. 줄을 서세요"라며 자연스럽게 우리 아이를 포함해 아이들을 줄 세우고 서로의 어깨에 손을 올려 "칙칙폭폭" 소리를 내며 장난스럽게 이동한다. 아이들이 구한 재료들을 갖고 시소로 돌아와 방앗간 놀이를 하거나 빻은 재료로 음식을 만들어 나누어 먹는 놀이로 전개해볼 수 있다. 아이는 엄마와 함께 놀이하고 엄마가 놀이의 리더 역할을 하기 때문에 좀 더 편안하게 놀이에 참여할 수 있다. 엄마는 우리 아이 이름뿐 아니라 다른 아이들의 이름도 자주 불러주어 아이들이 서로의 이름을 부를 수 있도록 해주면 더욱 좋다. 이렇게 15~20분 정도 별 탈 없이 놀면 아이의 긴장도 많이 완화되어 훨씬 자연스럽게 어울리게 된다. 아이가 적응하기 시작하면 엄마는 점차 놀이에서의 역할을 줄여나간다.

즐거운 놀이 경험은 또래 관계에 대한 아이의 자신감을 높여줄 뿐 아니라 함께 놀고 싶다는 열망도 강하게 타오르게 하기 때문에 이후 좀 더 적극적으로 또래 관계에 나설 수 있게 만든다. 물론 한 번의 경험으로 아이가 바로 달라지지는 않는다. 적어도 서너 차례 또래와 함께 놀이한 경험이 필요하며 매번 다른 아이들과 놀기보다는 놀았던 아이들과 어울리게 해주는 게 더 좋다. 아이들도 이름을 알고 함께했던 경험이 있는 아이를 더 친근하게 느낀다.

어린이집,
유치원에서의 또래 관계

내가 아이의 사회성을 염려하는 외동아이 부모에게 자주 하는 말 중 하나가 "어린이집에 절대 지각하지 마세요", "생일 파티에 늦게 가면 안 됩니다"이다. 아이들의 경우, 놀이 중간에 끼는 건 정말 힘든 일이기 때문에 되도록 일찍 가서 시작을 함께하는 것이 중요하다. 이건 바로 유아기의 인지적 특성 중의 하나인 '불가역적 사고' 때문이다. 불가역적 사고란 되돌려서 생각할 수 없다는 것으로 유아들은 한 번 일어난 사건이나 변화를 되돌릴 수 없다고 생각한다. 따라서 놀이가 시작되면 중간에 이를 변경하거나 되돌려서 구성하는 것 자체가 매우 힘들기 때문에 놀이의 시작부터 함께하지 않으면 놀이에 끼기 어렵다. 생일 파티에 늦게 가거나 어린이집에 지각을 하게 되면 아이는 사회성이 매우 뛰어나지 않는 한 놀고 있는 아이들 주변을 배회할 수밖에 없다. 특히 매일 가는 어린이집에 늘 지각을 하는 것은 아이의 사회성 발달에 전혀 도움이 되지 않는다. 어린이집은 대개 오전과 오후, 각 한 차례씩 자유놀이 시간을 갖는데, 등원 후부터 오전 간식을 먹을 때까지 진행되는 오전 자유놀이 시간이 대략 1시간 반 정도로 가장 길다. 이 시간 동안 아이들은 자유롭게 또래와 어울리며 사회성을 연습하고 발달시킨다. 자유놀이 시간을 단순한 휴식시간으로 여겨 늦게 보내거나 학습 프로그램이 제공되지 않는다는 이유로 자유놀이 시간이 끝난 다음에 어린이집에 보내는 것은 아이에게 사회성을 발달시킬 기회를 주지 않는 것과 마찬가지다. 무조건 부모는 등원 시간에 맞춰 어린이집에 보내도록 애써야 한다.

사정이 있어서 등원 시간을 맞추는 게 어려운 가정도 있을 수 있다. 이런 경우 아이가 지각으로 인해 또래와의 놀이에 끼기 어려워한다면 교사에게 도움을 청한다. 놀이터에서 끼지 못하는 아이를 부모가 도와준 것처럼 교사도 섣불리 끼어들지 못하는 아이를 위해 아이가 관심을 갖는 또래 집단에 낄 수 있도록 지원해주어야 한다. 어떤 부모는 이런 것까지 교사에게 말해도 되냐고 조심스러워하는데, 이것은 결코 무리한 부탁이 아니다. 자유

놀이 시간 동안 아이들이 정서 사회성을 발달시킬 수 있도록 지도하는 것은 교사의 중요한 책무이다. 대부분의 교사는 기꺼이 아이들을 돕기 위해 열심히 노력한다.

지속적인 상호작용
격려하기

아이들의 사회성을 키워주는 데 또래만큼 좋은 존재는 없다. 또래관계는 수평적이고 대등하다. 대등한 관계에서 사회성에 꼭 필요한 상호 호혜성이 가장 잘 발달한다. 상호 호혜성이란 쉽게 말해주는 만큼 받고, 받은 만큼 주는 것으로 이러한 상호 호혜성은 관계를 지속시키고 안정시켜 사회적 상호작용을 촉진시켜준다. 누구 하나 손해 보는 것 없이 서로에게 도움이 된다고 느끼기 때문에 편안하고 지속적인 관계를 이어나갈 수 있다. 또래관계에서 이러한 상호 호혜성이 발달되는 이유는 부모나 교사와 같은 어른들처럼 또래는 봐주는 게 없기 때문이다. 가령 초콜릿이

한 개 남아 있었는데 부모가 초콜릿을 집으면 아이는 "힝!" 하며 삐친 표정을 지을 것이고, 이를 본 부모는 "아, 먹고 싶어? 그럼 먹어"라며 아이에게 양보할 것이다. 하지만 이미 아이는 9개의 초콜릿 중 5개를 먹은 상태이다. 이것까지 먹으면 아이는 부모가 먹은 것보다 2배를 더 먹게 된다.

이런 일은 또래 관계에서는 일어나지 않는다. 아이들은 똑같이 나누며 마지막으로 하나 남은 것을 누가 먹는지의 문제로 심각한 논쟁을 벌일 것이다. 미숙한 유아는 울거나 뺏으려 하겠지만 쉽지 않다. 상대도 똑같이 울고 불며 때리고 뺏으려 하기 때문이다. 이런 일들은 형제자매가 있는 가정에서는 하루에 수도 없이 일어난다. 이 과정에서 아이들은 자기들만의 규칙을 만들기도 하고, 내키지는 않지만 부모가 정한 규칙에 따라 조정을 하기도 한다. 이런 경험들이 쌓이면 아이들은 스스로 물건을 공정하게 나누고, 더 많이 원하면 상대가 납득할 수 있도록 설명하고 부탁하는 요령을 터득하게 된다. "이번에 내가 먼저 하게 해주면 다음번엔 네가 먼저 하게 해줄게"와 같은 상호 호혜성에 근거한 타협 전략도 세울 수 있게 된다.

형제자매가 있는 또래들이 이런 경험을 하루에도 수없이 하는 것에 비해 외동아이는 마음만 먹으면 언제든지 가질 수 있고 먹을 수 있다. 화를 내거나 슬퍼하면 부모들은 "알았어"라며 기꺼이 아이에게 양보한다. 이런 경험은 외동아이의 상호 호혜성 발달을 저해한다. 주는 만큼 받고 받은 만큼 주는 게 아니라 '적게 주고 많이 받는' 관계가 이어지게 된다. 이미 이런 관계에 길들여진 외동아이가 쉽게 또래 관계에 적응하지 못하는 것은 당연하다. 그래서 부모가 아이의 사회성 발달을 위해 야심차게 준비한 또래 모임에서도 아이는 울부짖고 떼를 부릴 수 있다. 하지만 낙담할 필요는 없다. 처음에는 서툴러 이런 모습을 보이지만, 또래와 함께 부딪히는 경험을 통해 아이는 조금씩 상호 호혜성을 익혀나가기 때문이다. 아이에게 또래는 거부하기 힘든 매우 매력적인 존재이다. 다투기도 했지만 중간중간 함께 놀며 서로를 흥미 있게 지켜보았던 시간은 아이에게 꽤 강렬한 경험으로 기억된다. 또래와 함께하는 시간 동안 스트레스도 있었지만 어른과의 관계에서는 경험하지 못한 흥분과 즐거움, 재미가 있기에 아이는 또래와 함께하기 위해 자신이 무엇을 어떻게 해야 하는지에 대해 생각하게 되면서 자연스럽게 사회성 기술을 습득할 수 있다.

만일 또래와 함께하는 시간 내내 불편하지 않았다면 아이는 또래와 함께 놀고 수다 떨며 점차 상호 호혜성을 발달시키게 될 것이다. 그러니 부모는 아이가 또래와 다퉜다고 또래 관계를 멈추거나 회피해서는 안 된다. "그렇게 싸울 거면 놀지 마!", "친구랑 안 놀 거야? 그럼 집에 가자"처럼 너무 쉽게 관계를 중단시키고 포기하는 것은 좋지 않다. 유아들의 감정은 시시각각으로 변

한다. 아직 어린아이들은 상황 전체를 보는 시각이 발달되지 않았기 때문에 '지금 현재' 느끼는 감정에 충실하다. 좋아하는 친구여도 그 친구가 자기 장난감을 뺏으면 금세 철천지원수처럼 대한다. 그러다가도 상황이 바뀌면 언제 그랬냐는 듯이 어깨동무를 하고 웃고 떠들며 상호작용을 이어나가는 게 아이들이다. 부모가 염려하는 것처럼 갈등이 지속되지 않는 경우들도 꽤 많다.

부모는 아이에게 인간관계에서는 갈등이 발생할 수 있고, 이로 인해 관계가 틀어질 수도 있지만 다시 회복될 수도 있다는 것을 알려주어야 한다. 이를 알 때 아이는 또래 관계가 일시적으로 경직되고 갈등이 발생해도 압도당하지 않는다. 다시 좋아질 수 있다는 믿음이 있기 때문이다. 하지만 갈등이 생길 때마다 관계 철회를 경험한 아이는 갈등이 발생하면 '이제 끝이다'라고 생각해서 갈등을 해결할 엄두를 내지 못한다. 형제자매가 있는 아이들의 사회성이 외동아이에 비해 좋은 것은 싸워도 도망갈 데가 없기 때문이기도 하다. 같이 살려면 규칙을 지키고 갈등을 해결하기 위해 노력하는 수밖에 없다. 외동아이를 둔 부모는 우리 아이가 다른 아이와 다투는 것을 보면 크게 당황하고 염려하는 마음이 들 것이다. 하지만 다르게 생각하면 이러한 갈등은 아이의 사회성을 발달시킬 수 있는 기회이기도 하다. 부모는 이 기회를 놓치지 말고 또래 관계에서 발생하는 갈등을 다루며 관계를 지속시킬 수 있도록 도와주는 안내자와 조력자의 역할을 해주어야 한다.

상호 호혜적 놀이,
역할 놀이의 중요성

상호 호혜성을 키울 수 있는 가장 좋은 활동은 바로 놀이다. 그중에서도 소꿉놀이, 가상 놀이, 상황극 놀이 등으로 불리는 역할 놀이가 좋다. 엄마아빠 놀이, 경찰 놀이, 도둑 놀이, 마트 놀이, 병원 놀이, 해적 놀이, 전쟁 놀이 등 여럿이 함께 이야기를 만들고 협력하는 놀이로 아이들이 가장 좋아하는 놀이 형태이기도 하다. 놀이를 하려면 기본적으로 상상력이 있어야 하지만, 이에 못지않게 중요한 것은 상대와 맞출 줄 아는 능력이다. 또래와 어울리는 데 어려움을 보이는 아이들 대부분은 놀이할 때 지나치게 자기 식대로 하려는 면이 강하다. 장난감을 나누어야 할 때 자신이 더 많이, 더 좋은 것을 가지려 한다거나, 역할을 정할 때도 원하는 것만 하려 하고 마음에 들지 않으면 하지 않겠다고 떼를 쓴다. 또 "이렇게 말해야지", "그렇게 하면 안 된다고 했지! 다시 해!"라고 감독처럼 또래에게 지시를 하기도 한다. 이처럼 놀이 내용이나 규칙도 모두 자신이 정하려 하기 때문에 놀이 중에 자주 충돌이 발생하고 놀이 친구로서 선택되지 못하는 경우가 많다. 이런 식의 놀이 태도는 특히 외동아이에게서 많이 발견된다. 이는 이들의 주된 놀이 상대가 또래가 아닌 부모나 조부모와 같은 어른들이기 때문이다. 아이가 하자는 대로 다 따라주며, 아이가 중간에 역할을 마음대로 바꾸어도 뭐라 하지 않고, 불공평한 규칙으로 가득 찬 대결 놀이도 다 참아주는 어른들과 놀이한 외동아이는 또래들도 당연히 그와 같이 해줄 것이라 기대한다. "내가 엄마 할 거야", "그 탱크는 내 거야!"와 같이 말하는 게 전혀 잘못되었다고 생각하지 못한다. 계속 이런 식으로 놀이를 하면 아이는 상호 호혜성을 발달시키지 못하며 또래 사이에서 인기 없는 아이가 된다.

우리 아이의 사회성이 미숙하다면 부모를 비롯한 어른들은 아이가 상호 호혜성을 배우고 연습할 수 있도록 놀이하는 방식을 바꿔야 한다. 이를 위해 어른은 아이와의 놀이를 할 때 '놀이 파트너'의 역할을 맡도록 한다. 그저 아이를 바라만 보거나 아이가 시키는 대로 하거나 반대로 주도하는 게 아닌 짝이 되어 아이와 함께 놀이해야 한다는 뜻이다. 파트너나 짝과의 관계는 수평적이고 대등한 것이기에 공평과 공정이 매우 중요하다. 이에 따라 아이와의 놀이에서 장난감을 나누거나 역할을 정할 때도 무조건 아이의 뜻에 따르기보다는 공정하게 분담할 수 있게 해야한다. 만일 전쟁 놀이를 한다면 아이가 좋은 재료나 무기를 싹쓸이하지 않게 군인과 무기를 나누는 규칙을 정하도록 한다. 이때어떤 방식으로 규칙을 정할지 아이와 논의하여 결정한다. 부모가 일방적으로 "가위, 바위, 보를 해서 이긴 사람이 먼저 고르는거야"라며 규칙을 통보해버리면 아이는 부모가 상황을 지배한다고 생각해 반발심을 갖게 될 수 있다. 규칙은 함께 정하는 것이좋으며, 규칙을 정하는 과정에 아이가 잘 참여했다면 아이가 협력한 것에 대해 칭찬해주며 놀이를 시작하면 된다. 다음과 같이해보자.

아빠: 자, 그럼 놀이를 시작하기 전에 우리 편이 될 군인 인형들과 무기들을 골라야겠구나.

아들: 난 이거, 이거, 그리고 저거, 또 저기 있는 거 다 할 거야!

아빠: 하하, 군인과 무기가 많이 필요하구나! 그런데 우린 함께 노는 거니까 한 사람이 장난감을 다 가질 순 없고 같이 나눠 써야 해.

아들: 히잉! 싫어! 내가 더 좋은 거 많이 가질 거야!

아빠: 그럼, 고를 때 네 맘에 드는 걸로 잘 골라야겠다. 자, 그럼 어떻게

장난감을 나눌까?

아들: 내가 먼저 고르고, 그담에 아빠가 해.

아빠: 그럼 그것부터 정해야겠네. 누가 먼저 할지 순서를 정하는 방법은 여러 가지가 있지. 가위바위보도 있고, 묵찌빠도 있고.

아들: 나 묵찌빠 할 수 있는데.

아빠: 너도 묵찌빠 해봤구나! 그럼, 우리 누가 먼저 장난감을 고를지 순서를 정할 때 묵찌빠로 할까?

아들: 음……. 좋아.

아빠: 그럼 이긴 사람이 먼저 고르는 걸로 할까, 아님 진 사람이 먼저 할까?

아들: 당연히 이긴 사람이 먼저 하는 거 아냐?

아빠: 그것도 우리가 정할 수 있지. 함께 놀이하는 사람 모두가 찬성하면 바로 그게 우리의 놀이 규칙이 되는 거야. 넌 어떻게 하고 싶니?

아들: 그럼, 아빠! 우리는 진 사람이 먼저 고르는 걸로 할까?

아빠: 난 찬성! 이기는 사람이 먼저 할 때가 많으니까 우리는 진 사람이 하는 걸로 해도 재미있을 것 같아!

아들: 히히, 좋아!

아빠: 자, 그럼 우리는 이번 놀이에서 장난감을 고르는 순서를 묵찌빠로 정하기로 했습니다! 묵찌빠에서 진 사람이 먼저 자기가 쓸 장난감을 하나 고르고, 그다음에 이긴 사람이 고르고, 그렇게 돌아가며 하는 것으로 우리의 장난감 고르기 규칙을 정했습니다. 땅땅땅!

아빠: 우리 아들 멋져! 먼저 하고 싶었지만 규칙을 정해야 한다고 하니 잘 따라주었지.

상호 호혜적으로 놀이를 하기 위해서는 장난감을 공정하게 나누는 것과 함께 역할을 함부로 가로채지 않는 것도 중요하다. 예를 들면 병원놀이를 할 때 누가 의사를 하고 환자를 할 것인지 의논해서 정했다면 진료가 끝날 때까지 환자와 의사의 역할이 바뀌어서는 안 된다. 분명 아이가 환자였는데, 의사인 엄마가 "자, 이제 주사를 맞아야 해요"라며 주사기를 든 순간 "내가 의사할 거야"라고 주사기를 뺏으려 한다면 제한해야 한다. "안 돼. 지금은 엄마가 의사야. 환자가 스스로 주사를 놓는 법은 없어"라고 말하고, "주사를 놓아보고 싶었구나. 그럼 이번 진료 끝난 후 역할을 바꿔서 해볼까?"라고 아이의 마음을 헤아려주며 차례를 기다릴 수 있게 해준다. 아이가 고집을 피우지 않고 엄마의 말에 따르면, "하고 싶었는데, 잘 참았네. 기특해라" 하며 칭찬해주고 엄마의 역할을 마무리한 다음에 "자, 이제 우리 역할을 다시 정할 수 있어. 이번엔 어떤 역할이 하고 싶어? 의사? 간호사? 아님 다른 환자?"와 같이 아이와 의논하면 된다. 이를 통해 아이는 여럿이 함께 역할 놀이를 할 때는 함께하는 상대와 의논하고 협력해야 함을 알게 된다.

자기 역할도 아닌데 일일이 참견하고 지시하는 아이들도 있다. "아니 그렇게 하면 안 된다고!", "얘는 여기서 이렇게 자는 거야", "'미안해!'라고 말해야지"라며 행동뿐 아니라 대사까지 정해주는 놀이 상대와는 아무도 놀고 싶어 하지 않는다. 우리 모두는 다른 사람의 꼭두각시가 되고 싶지 않기 때문이다. 심지어 부모도 마찬가지다. 상담을 하다 보면 아이와의 역할 놀이가 제일 힘들다는 외동아이 부모를 많이 만나게 되는데, 대부분 대사 한마디 제대로 할 수 없고 시키는 대로 해야 해서 피곤하기 짝이 없다고 호소한다. 그래서 가끔은 짜증과 화를 내기도 하지만 대부분의 부모는 그냥 영혼 없이 아이가 하라는 대로 하며 빨리 놀이가 끝나기만을 바란다. 많은 부모들이 이렇게 일방적으로 놀이하는 아이에게 맞춰주는 이유는 '이건 아이의 놀이니까 아이가 주인이 되어야 해!'라는 생각 때문일 때가 많다. 하지만 주인이라고 해서 뭐든지 자기 마음대로 할 수 있는 것은 아니다. 혼자가 아닌 누군가와 함께할 때는 상대에 대한 기본적인 예의가 필요하며, 아이는 부모와의 놀이에서 그것을 배워야 한다. 부모와의 놀이에서 배우지 못하면 아이는 또래와의 관계에서 깨지고 부딪치며 힘들게 배워야 하고, 어떤 아이들은 끝내 배우지 못하게 될 수도 있다. 만일 역할 놀이를 할 때 아이가 너무 지시하려 들면 짜증이나 화를 내지 않고 분명하게 타인의 역할을 침해하지 말라고 말해준다. 예를 들면 "엄마, 이렇게 해야지"라고 말하는 아이를 향해 가볍게 미소를 지으며 "아, 너는 그렇게 했으면 하는구나. 근데 이건 지금 엄마 역할이니까 엄마가 하고 싶은 대로 할게”라며 놀이를 이어나가면 된다. 이때 어떤 아이들은 화를 내거나 삐쳐서 “흥, 나 안 놀아!”라며 놀이를 거부하기도 하는데 아이가 이렇게 나온다고 해서 너무 겁을 먹고 “아, 알았어. 너 하고 싶은 대로 해”라며 저자세를 취할 필요는 없다. “아쉽다. 엄마는 너랑 함께 놀고 싶은데……. 마음 바뀌면 언제든지 와”라며 부모는 아이와 함께 놀지 못하게 된 것에 대한 아쉬움을 간단히 표현하고 혼자 놀이를 계속 이어나가면 된다. 다소 과장된 몸짓과 어조로 흥미진진하게 놀이를 하고 있으면 아이는 놀이의 유혹을 이기지 못하고 함께 놀이하기 위해 다가올 것이다. 이렇게 다가온 아이는 아까와는 달리 부모의 뜻에 따른다. 자신이 계속 고집을 부리면 함께 놀 수 없음을 경험했기 때문이다. 이렇게 아이가 다가오면 부모는 “와! 우리 다시 함께 놀게 되었구나. 더 재밌게 놀 수 있겠다. 엄마는 너랑 함께 노는 게 좋아”라며 아이와 함께하게 되어 기쁜 마음을 전하고 재밌게 놀이를 계속 하면 된다. 그리고 놀이가 끝난 후, 아이에게 “오늘 정말 재밌게 놀았어. 너도 네가 하고 싶은 것을 하고, 엄마도 엄마가 하고 싶은 것을 할 수 있어서 더 재미있었던 것 같아!”라고 말해주면 더욱 좋다. 어떤 부모는 안타까운 마음에 아이에게 계속 잔소리를 하기도 한다. “그렇게 네 맘대로 하니까 다른 애들이 안 놀아주는 거야”, “그러니까 애들이 싫어하잖아”, “왜 그리 이기적이니? 너랑 놀고 싶겠어?”와 같은 아이를 비난하는 말이 저도 모르게 입 밖으로 나올 수 있다. 하지만 이런 말은 아이의 상호 호혜성을 기르는 데 아무런 도움을 주지 못한다. 오히려 아이가 스스로를 '어쩔 수 없는 나쁜 아이'라고 생각하게 만들어 잘못된 행동을 계속하게 만들 수 있다. 아이의 잘못을 지적만 하는 게 아니라 어떻게 행동하는 것이 옳은 것인지 직접 경험할 수 있도록 도와줄 때 아이들은 가장 잘 배운다는 것을 잊지 말아야 한다.

이 시기에 필요한
말공부

놀이뿐 아니라 대화를 할 때도 상호 호혜성은 중요하다. 유아들은 자기중심적이어서 상대의 말도 잘 듣지 않고 자기 말만 한다. 서로 똑같아서 큰 문제가 되지는 않지만 아동기로 넘어가면서 상호 대화는 또래 관계에서 중요해진다. 6, 7세가 되면 아이들은 자기 말만 하는 아이한테 이렇게 말한다. "야, 너만 말하냐?", "쟤는 자기 말만 해."

아이들은 대화를 나눌 때 차례를 지켜 말하고 상대의 말을 경청하며 대화의 주제에 맞게 반응하는 등의 언어와 관련된 사회적 규칙을 중요하게 생각한다. 그래서 대화 중에 끼어들거나 자기 말만 계속 하는 아이는 또래 관계에서 인기가 없다.

외동아이는 대개 언어 발달이 좋은 편이기 때문에 말하는 것을 좋아하고, 늘 자기 말을 받아주는 어른들이 있어서 대화의 중심이 되는 것을 당연히 여긴다. 이게 지나치면 대화의 규칙을 어기는 일이 생긴다. 예를 들어 부모가 대화를 나누는 중에 끼어들거나 부모가 통화를 하는 중에도 자기 말을 들으라고 재촉하기도 한다. 이렇게 행동할 때 부모는 아이에게 기다리는 법과 자기 차례가 되었을 때 말하는 법을 가르쳐야 한다. 엄마가 아빠와 이야기를 하는 중에 "엄마, 내 말 들으라고! 내가 말하잖아!"라며 엄마의 옷을 끌어당긴다면, 그땐 잠시 말을 멈추고 "아, 너도 할 말이 있구나. 그렇다고 엄마의 옷을 잡아당기지는 마. 그러면 기분이 나빠지거든. 지금은 엄마가 아빠와 이야기하는 중이야. 아직 이야기가 안 끝났으니까 조금 더 기다려주렴. 이야기가 끝나고 네 이야기를 들을게"라고 아이에게 분명히 말해준 다음, 다시 부모는 대화를 이어간다. 아이 기분이 썩 좋아 보이지는 않지만, 기다리고 있다면 이때는 부모가 대화를 빨리 마무리하고, 아이에게 "잘 기다렸구나. 기특하네. 자, 이제 엄마 아빠 이야기가 끝났단다. 아까 말하려고 했던 게 뭐야?"라며 아이를 칭찬해준다. 아이들의 인내심은 매우 짧기 때문에 처음부터 너무 긴 시간을 기다리게 하면 안 된다. 부모의 이야기를 짧게 끝낸 후 아이에게 반응해주어야 한다. 짧게 기다리는 것은 아이 입장에서도 할 만하기 때문에 떼를 쓰지 않을 수 있다. 그랬다면 부모의 지시를 따르고 잘 기다린 것에 대해 칭찬해준다. 이후 기다리는 시간을 조금씩 늘려나가는 방식으로 지도한다.

칭찬할 때는 아이가 어떤 행동 때문에 칭찬을 받는지 확실히 알 수 있도록 구체적으로 한다. 예를 들어서 "엄마 아빠 말이 끝날 때까지 잘 기다려주었구나. 덕분에 엄마 아빠가 이야기를 잘 마무리할 수 있어서 좋았단다", "하고 싶은 말이 있었지만 엄마 아빠 말이 끝나고 하라고 했더니 잘 따라주었구나. 그래서 이야기를 편하게 할 수 있었단다"와 같이 말해준다. 어떤 때는 부모가 급하게 처리해야 할 일이 있어 아이 이야기를 들어줄 수 없을 때도 있다. 이때에는 아이에게 지금 들어줄 수 없는 사정을 이야기해준다. "지금 하고 싶은 이야기가 있구나. 안타깝게도 지금은 엄마가 급히 전화를 해야 해서 네 말에 집중할 수가 없네. 통화가 끝나면 이야기하자"라고 말해주면 된다. 그리고 할 일을 마친 후에는 반드시 아이에게 기다려준 것에 대해 칭찬해주고 이야기를 들어야 한다. 어떤 부모는 "이따가", "나중에"라고 말만 하고 이후에 시간이 났을 때도 아이에게 묻거나 대화를 하지 않는데, 부모가 이와 같이 행동하게 되면 아이는 부모의 말을 신뢰하지 않게 된다.

대화를 주고받으려면 대화가 이어지는 것이 무엇보다 필요하다. 많은 부모들이 아이들과 대화할 때 일방적으로 질문하고 끝낼 때가 많다. "급식 먹었어?", "맛있었어?", "숙제 있어?", "누구 생일인데?"와 같은 질문은 "네", "아니오"나 단답식으로만 답할 수 있어 대화를 지속시키지 못한다. 이런 식의 질문을 주로 하면 아이는 부모가 정보를 캐거나 확인을 하려는 목적으로만 대화를 한다고 여겨 불쾌감을 느낄 수 있다. 아이의 사회성에 도움이 되는 대화는 수다 떨듯 자연스럽게 흐름을 따라가는 것이다. 훈계를 하거나 가르치려 들지 않는, 편하게 주고받는 사적 대화가 가장 좋다.

일상적인 일들에 대해 시시콜콜 이야기를 나누며 서로의 말에 귀 기울이고 맞장구도 쳐준다. 이렇게 말하다 보면 궁금증이 생기면서 자연스럽게 대화가 길게 이어질 수 있다. 그 과정에서 대화의 기술을 습득하지만 때로는 부모가 올바르게 대화하는 법을 코치해줘야 할 때도 있다.

중간에 말을 자르거나 끼어들거나 지나치게 자기 말만 할 때는 다음과 같이 말해준다. "잠깐, 아직 내 말 안 끝났어. 조금만 기다려줘", "나도 할 말이 있어", "이번에는 내가 말할게"라고 한다. 주제에서 벗어난 말을 뜬금없이 한다면 "갑자기 그 생각이 났구나. 우린 지금 놀이동산에서 탈 놀이기구를 고르는 중이었어. 그것부터 정하자"라고 주의를 환기시켜 대화의 주제로 돌아오게 한다. 또한 아이가 대화 중에 보여준 좋은 태도에 대해서도 잊지 않고 콕 집어서 칭찬해주어야 한다. "엄마가 말할 때 눈을 반짝이며 잘 들어줘서 엄마 기분이 정말 좋았어. 내 말에 귀를 기울여주는 느낌이 들었거든", "와! 우리 아들 리액션 짱! 그렇게 해주니까 엄마가 신나게 말할 수 있었네!", "네 생각이 엄마와 달랐는데, 그때 '아니야'라고 말하는 대신 '내 생각에는' 이렇게 말했지. 엄만 네가 그렇게 말하는 방식이 참 좋았어. 존중받은 느낌이랄까?" 이런 칭찬은 아이들끼리 대화할 때도 해주면 좋다. 가령 두세 명의 아이들이 이야기를 나눌 때 좋은 대화 태도를 보였다면 "너희들은 서로의 이야기를 잘 들어주는구나. 그 모습이 참 좋아 보이네", "즐겁게 이야기를 나누는 모습을 보니 보는 사람까지 기분이 좋아지는걸!"과 같이 말해준다. 구체적인 칭찬은 어떻게 행동해야 올바른 것인지 아이들에게 확실하게 알려주는 효과가 있다.

지나치게 예의, 양보를
강요하지 않기

한 회사의 입사면접에서 지원자가 외동이라는 사실을 알게 된 면접관이 "형제자매가 없어서 협업 경험이 부족할 것 같다", "혼자 자라서 양보한 경험이 적을 텐데 팀워크가 필요한 작업을 잘할 수 있겠는가?"라고 했다는 이야기를 들은 적이 있다. 외동에 대한 편견이 우리 사회에 얼마나 뿌리 깊게 박혀 있는지 보여주는 사례이다. 이처럼 "외동아이는 버릇없다", "이기적이다"와 같은 말을 많이 듣다 보니 어떤 외동아이 부모는 '나는 우리 아이가 어디 가서 버릇없다는 말을 듣지 않게 할 거야'라고 굳게 다짐하며 아이의 예의범절에 지나치게 신경을 쓰기도 한다. 하지만 이러한 굳은 다짐이 늘 좋은 결과로 나타나지는 않는다. 부모가 예의와 양보를 강조하게 되면 아이는 주눅이 들어 지나치게 주변을 의식하거나 불편해할 수 있으며, 반발심이 커져 더욱 독단적으로 행동할 수도 있다. 또한 예의나 이타심은 강요나 처벌로 가르칠 수 없는 것이기도 하다. 예의와 이타심은 다른 사람에 대한 존중과 공감을 바탕으로 나타나는 것인데, "인사해야지! 인사 안 하면 혼나", "어서 빨리 양보해! 안 그러면 다음부터 장난감 안 사줄 거야!"와 같은 식으로 억지 인사와 양보를 강요하게 되면 아이는 상대에 대한 존중과 공감은커녕 적대감만 키울 수 있다.

　여섯 살 준서도 부모의 지나친 예절 강박 때문에 상담센터에 오게 된 아이다. 아빠는 공부는 못해도 되는데, 버릇없는 것은 절대 안 된다며 무엇보다 인성을 가장 중요하게 생각한다고 내게 강조했다. "게다가 우리 준서는 외동이잖아요. 조금만 잘못 행동해도 다른 사람들은 '저 봐, 외동이라서 저래'라는 말을 할 거예요. 그런 말을 듣게 내버려둘 수는 없죠"라며 옆에서 준서 엄마가 거들었다. 하지만 그토록 예의범절을 강조해서 키운 아이라고 하기에는 준서의 행동이 평범하지는 않았다. 일단 상담센터에 들어오는 것부터 문제였다. 절대 들어가지 않겠다며 문 밖에서 버티다가 아빠에게 억지로 끌려 들어와서는 대기실 의자에 앉지 않고 구석에서 벽을 바라보고 서 있었다. 내가 준서에게 다가가

자 준서는 고개를 옆으로 돌렸다. 그때 "준서야, 뭐 해? 선생님한테 인사해야지! 어서 인사해!, 어, 그게 뭐야? 버릇없게!"라는 아빠의 목소리가 들렸고, 나는 그 순간 준서의 눈이 질끈 감기는 것을 보았다. 준서 부모의 걱정은 준서가 어릴 적부터 인사하는 것을 열심히 가르쳤는데도 여섯 살이 된 지금까지도 사람들에게 인사하기를 어려워한다는 것이다. 그리고 이보다도 더 큰 문제는 다른 사람들이 있는 곳에 가기를 싫어하고 가게 되면 온갖 짜증을 부린다는 것이다.

준서를 잘 살펴보니 겁이 많고 새로운 것에 적응하는 데 시간이 오래 걸리는 아이였다. 이런 아이는 낯선 사람을 만났을 때 충분한 시간을 갖고 친해지는 게 필요한데 예의 있는 아이로 키우겠노라 다짐한 준서 부모는 너무나 성급히 사람들을 만날 때마다 "어서 인사해야지! 인사 안 하면 다른 사람들은 네가 버릇없다고 생각할 수 있어"라고 말했고, 이러한 부모의 말과 행동이 준서에게 사람들을 만나는 상황 자체를 스트레스로 여기게 만든 것이다. 사람들은 스트레스를 받으면 도피-공격 반응을 보이게 된다. 도피는 말 그대로 스트레스 상황을 피하려는 행동이고, 공격은 스트레스에 맞서 싸우는 반응으로 소리를 지르거나 반격하는 행동으로 나타난다. 준서가 사람들을 만나기 싫어하고, 그럼에도 불구하고 사람들과 있어야 할 때 온갖 짜증을 부린 것은 준서의 도피-공격 반응으로 이해할 수 있다.

만일 준서 부모가 준서에게 인사를 강요하기보다 부모가 먼저 다른 사람을 친근하게 대하는 모습을 보여주고 밝은 목소리로 "준서야. 아빠 친구야. 인사하자. 같이 할까? '안녕하세요!'"라고 말했다면, 그리고 만일 어찌 해야 할지 몰라 쭈뼛거리는 준서의 머리를 살짝 눌러주어 인사 시키고, 따뜻한 미소와 함께 준서의 머리를 부드럽게 쓰다듬으며 "옳지, 인사 잘했네"라고 말해주었다면, 아마도 부모가 지금과 같은 고민에 빠질 일은 없었을 것이다.

양보 문제도 마찬가지다. 일곱 살 아이의 푸념이 떠오른다. "우리 엄마는요, 친구가 우리 집에 놀러 오면 손님이니까 장난감을 양보하라고 하구요, 걔네 집에 가면 걔 꺼니까 내가 양보해야 된대요. 진짜 짜증나요!" 양보를 할 줄 아는 아이로 키우기 위해서는 먼저 자기 것에 대한 권리가 확실히 보장된다는 믿음이 아이에게 있어야 한다. "이건 내 것이고, 언제든지 내가 원하면 내가 가질 수 있다"라고 생각할 때 아이는 관대해질 수 있다. 빌려주어도, 지금 내가 하지 않아도 결국 내게 돌아올 것이라는 확신이 들 때 아이는 제 것을 양보해줄 수 있는 것이다. 이에 더해 상대의 기분을 살필 수 있는 공감 능력까지 있다면 아이는 양보하는 것에 스스로 뿌듯함을 느끼며 자기 마음에서 우러난 양보를 한다. 따라서 양보를 할 줄 아는 아이로 자라길 바란다면 부모는 아이의 권리를 인정해주고 감정에 관한 이야기를 자주 하여 공감 능력을 키워주려는 노력부터 해야 한다. 또한 인사와 마찬가지로 아이가 양보를 했을 때 잊지 않고 "이것은 꽤 멋진 행동이야"라며 아이의 좋은 행동에 칭찬해주어야 한다. 이러한 부모의 태도를 통해 아이는 인사와 양보가 부담스럽고 억울한 일이 아닌 자신의 기분을 좋게 하는 행동이라 느낄 수 있다.

더불어 사는 세상이니 주변 사람들을 전혀 의식하지 않고 살 수는 없다. 하지만 다른 사람이 우리 아이, 그리고 우리를 어떻게 생각할까를 염려해 지나치게 예의범절을 강조하는 것은 남에게 보이기 위해 혹은 다른 사람에게 인정받기 위해 아이를 키우는 것과도 같다. 아이에게 예의와 양보를 가르치는 것은 어디까지나 그것이 아이의 행복한 성장을 돕는 것이기 때문이다. 따라서 부모는 아이의 특성과 배움의 속도를 파악해 지도해야 한다.

무엇보다 아이는 하루아침에 크지 않는다. 이러한 성장을 이루기까지 많은 시간이 걸리므로 인내심을 갖는 것이 중요하다. 적어도 초등학생은 되어야 사회적 규칙과 타인의 기대를 이해하고 좀 더 도덕적으로 행동하게 될 수 있다. 이 말인즉슨, 아이가 자발적으로 인사하고 양보할 수 있기 위해서는 부모는 최소한 6년은 꾸준히 가르쳐야 한다는 뜻이다. 아이에게 지나치게 예의범절을 강조하는 부모라면 아직 어린아이들이 예의 있게 행동하고 기꺼이 양보하는 것은 쉽지 않은 일임을 이해하려는 노력이 필요하다.

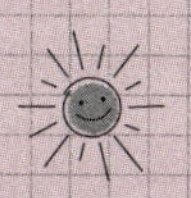

또래 갈등 다루기

규칙 지키기

사람들 사이에서 갈등이 발생하는 것은 필연적이다. 어린아이들은 아직 발달적으로 미숙하기 때문에 다툼이 일어날 수밖에 없다. 아이들 간의 갈등은 소유, 영역, 권리에 대한 주장이 상충할 때 가장 많이 발생한다. 물건이나 장난감, 먹을 것을 두고 서로 자기 것이라고 우기고 뺏고 "여긴 내가 맡았어", "여긴 내 땅이야. 넌 저리 가!", "내 차례란 말야!", "이건 내가 할 거야!"라며 소리 지르고 밀치며 다투는 일들은 아이들이 모여 있는 곳에서는 흔히 볼 수 있는 장면들이다. 이런 다툼은 치고받는 육탄전이나 말싸움으로 번질 때가 많으며, 대부분 약하거나 겁이 많은 아이가 우는 것으로 끝난다.

집단에 분명한 규칙이 존재하지 않거나 다툼을 중재해주는 사람이 없을 때 아이들 간의 싸움은 철저히 '힘의 논리'에 좌우된다. 거의 대부분 힘이 센 아이가 이기는 것으로 끝나는데, 이렇게 갈등 해결을 힘에 의존하는 것은 매우 낮은 수준의 해결법으로 조폭 세계의 논리와 유사하다. 우리는 적절한 중재를 통해 좀 더 높은 수준으로 갈등을 해결할 수 있게 지도해야 한다. 이를 위해 부모는 또래 갈등을 중재할 때 공정한 규칙을 제시하는 데 힘써야 한다. 다툼은 규칙이 없을 때 혹은 규칙이 불공평하다고 느껴질 때 주로 발생하는 것이기에 부모는 아이들 모두가 납득할 수 있는 규칙을 만들고 이를 지키도록 격려하는 것이 필요하다.

또래 갈등이 매번 비슷한 문제로 일어난다면 부모는 그런 상황이 일어날 때마다 아이들에게 훈계보다는 갈등을 예방할 수 있는 규칙을 사전에 만들어놓는 것이 좋다. 가령 아이들이 편을 짤 때마다 소동이 일어난다면 놀이를 시작하기 전에 어떻게 편을 가르는 게 좋을지 아이들과 의논하고 그 방법을 정하도록 한다. 부모가 어릴 적 친구들과 놀이하면서 썼던 방법들을 아이들에게 소개해주는 것도 좋다. "내 고향인 인천에서는 '엎어라 뒤집어라' 하면서 손등이나 손바닥 중 같은 것을 내민 사람끼리 같은 편을 맺는 방법을 주로 썼는데, 서울에 오니까 '데덴찌'라고 하더라?" 이러한 방법을 아이들에게 알려주면 신나서 잘 따라 한다. 소유에 대한 규칙도 미리 정해놓고 아이들에게 분명히 알려준다. 주인이 있는 것은 주인에게 소유권이 있는 것이며, 하고 싶을 땐 주인에게 공손히 요청해야 하지만 주인이 거절하면 포기해야 한다는 것이 소유에 관한 기본 규칙이다. 공동 소유일 경우에는 모두 돌아가면서 사용할 수 있도록 규칙을 만들어야 한다. 가령 놀이터의 놀이기구는 한 아이가 점령할 수 없다. 여러 아이들이 그네를 타고 싶어 한다면 5분씩 돌아가면서 타는 것을 규칙으로 정한다.

이렇게 함께 같은 활동을 하는 아이들 모두에게 공정하게 적용되는 규칙을 정하고 알려줄 때 아이들은 기꺼이 규칙을 따른다. 아이들에게 규칙을 제시할 때 부모가 '재미'를 한 스푼 첨가한다면 아이들은 저항은커녕 매우 즐거워하면서 규칙을 따를 것이다. 예를 들어, 평소 미끄럼틀을 탈 때 밀치고 새치기를 하는 등 혼란스러웠다면 부모는 상황극을 통해 아이들이 재밌게 규칙을 지키도록 유도할 수 있다. 미리 종이카드와 펀치를 준비한 후, 부모는 미끄럼틀 앞에서 아이들에게 말한다. "애들아! 우리 놀이동산 놀이하자. 이제 여기는 아이파크 랜드입니다. 이 미끄럼틀은 마포 익스프레스입니다. 마포 익스프레스를 탈 사람은 줄을 서세요. 아, 먼저 표를 사야 해요. 표를 살 때도 줄을 서야 합니다. 밀면 안 돼요." 아이들이 부모 앞에 줄을 서면 "와, 너희들 진짜 줄을 잘 서네!"라고 칭찬을 해준 다음 준비해온 종이카드를 한 장씩 나눠준다. 이왕이면 종이카드에 놀이동산 그림을 그려놓으면 더욱 좋다. 종이카드를 받은 아이들에게 다시 말한다. "자, 종이카드는 마포 익스프레스의 입장권이에요. 잃어버리지 않게 잘 갖고 있으세요. 다시 줄을 서세요. 그럼 이제 표 검사를 할 거예요. (펀치를 보여주며) 입장권에 이 펀치로 구멍을 팡 하고 낼 겁니다. 이걸로 마포 익스프레스를 탈 수 있어요. 밀치거나 새치기를 한 사람은 다시 맨 뒤로 가야 해요. 자, 이제 입장을 시작합니다. 모두들 입장권 챙겼나요! 그럼, 시~작!" 부모는 차례대로 줄을 서서 미끄럼틀로 올라가는 아이들을 칭찬해주며 놀이공원의 크루처럼 손을 흔들고 "환영합니다!"를 외쳐준다. 이렇게 하면 아이들은 일사불란하게 줄을 서고 부모의 말을 잘 따른다.

굳이 규칙을 무게 잡으며 가르칠 필요는 없다. 아이들에게 '즐거움'은 배움의 강력한 동기가 된다. 아이들은 즐겁게 배울 때 가장 잘 배운다. 아이들이 좋아하는 상황극을 통해 규칙을 자연스럽게 익힐 수 있도록 돕고, 규칙을 잘 지킨 아이들에게 잊지 않고 칭찬을 해준다면 아이들은 스스로 좋은 행동을 하려고 노력한다.

　　다른 부모들도 있는 자리에서 아이들 간의 다툼이 일어날 때가 정말 난감하다는 부모들이 꽤 많다. 중재를 하는 것이 혹시 제 아이만 두둔하는 것처럼 보이지는 않을까, 혹시 이러다가 아이들 싸움이 어른들 싸움으로 번지지는 않을까 염려된다는 것이다. 어떤 부모들은 아이들 싸움에 어른이 끼는 것이 지나친 오지랖이나 과보호처럼 보일까 걱정하기도 한다. 실제로 상담센터를 찾은 한 외동아이 부모는 동네에서 유난스런 엄마로 찍혔단다. "아이들끼리 해결하게 놔둬. 싸우면서 크는 거야. 자기는 애가 하나라서 그런가? 너무 과보호하는 것 같아!"라는 말을 주변에서 자주 듣는다고 했다. 그렇다면 부모는 아이들이 다툴 때 어떻게 해야 하는 걸까?

　　아이들은 정말 싸우면서 큰다고 할 정도로 아이들 사이에서 크고 작은 다툼은 늘 있다. 부모는 아이들 사이의 작은 다툼까지 모두 개입할 필요는 없고, 갈등이 일어나는 즉시 나서는 것도 좋지 않다. 아이들은 티격태격하다가도 자기들끼리 언제 그랬냐는 듯 다시 놀 수도 있고, 문제를 해결하는 방법을 스스로 찾아내기도 한다. 따라서 갈등이 일어났을 때 얼마 동안은 지켜보는 것이 좋다. 하지만 물리적 폭력이나 안전에 위협이 되는 일이 발생했을 때는 지체 없이 즉각 개입해야 한다. 때리고 할퀴거나, 위험한 물건을 던지려고 할 때는 얼른 아이들을 떨어뜨려놓고, 위험한 물건은

뺏는다. 이러한 개입을 통해 어떠한 상황에서도 폭력은 허용되지 않는다는 것을 알려주어야 한다. 이와 함께 부모가 개입을 해야 할 때는 갈등이 좀처럼 해결될 기미가 보이지 않을 때이다. 놀이는 중단되고 같은 논쟁이 무한 반복되며 상황이 점점 나빠진다고 판단되면 그때는 아이들에게 다가가 문제 상황을 살피고 해결할 수 있도록 도와주어야 한다. 이렇게 부모의 개입이 필요할 때 불필요한 오해를 사지 않고 어른들 싸움으로 번지지 않으려면 부모는 무엇보다 태도에 신경을 써야 한다. 중재자로서의 부모는 결코 화난 사람처럼 보이지 않아야 하며 위압적인 자세를 취하면 안 된다. 아이들이 치고 박고 싸울 때조차도 그래야 한다. 잔뜩 흥분한 아이들을 떼어놓을 때는 일시적으로 단호한 목소리를 낸다. "아냐, 안 돼. 때리면 안 돼!" 혹은 "그거 바닥에 내려놔. 지금 당장"이라고 메시지가 분명히 전달될 수 있도록 힘 있는 어조로 말해야 하고, 필요하다면 때리려는 아이를 안아서 하지 못하게 하거나 아이 손에 들려 있는 위험한 도구는 뺏어야 한다. 아이들이 공격적인 행동을 멈추면 그때 부모는 목소리 톤을 좀 더 부드럽게 바꿔 말한다. "옳지, 잘했어. 이제 주먹을 쓰지 않아. 그런데 정말 화가 많이 났구나. 뭔가 화난 일이 있었나 보다. 너희 둘 다 표정이 정말 좋지 않아"라며 아이들이 더 이상 때리지 않는 것에 대해 칭찬해주며 아이들의 감정도 헤아려준다. 이렇게 부모가 아이들을 비난하거나 어느 한쪽을 편들지 않고 아이들 모두의 감정을 보살펴줄 때 아이들은 물론,

이를 지켜보는 다른 부모들도 그 부모에게 신뢰감을 느낀다.

　　이렇게 일단 급한 불을 끈 다음에는 갈등이 발생한 이유가 무엇인지 살펴서 문제를 해결하도록 한다. "왜 싸워? 때리지 말라고 했지? 때리면 나쁜 아이라고 엄마가 말했지?"나 "친구끼리 사이 좋게 놀아야지, 왜 때려? 빨리 사과해!"라는 식으로 상황을 다루는 부모가 많다. 이는 갈등을 발생시킨 문제가 아닌 때린 행위에만 초점을 두어 아이를 비난하는 것이기 때문에 문제 해결에는 전혀 도움이 되지 않는다. 아이들은 '나빠서' 싸우는 것이 아니라 문제를 해결하는 방법을 '알지 못해서' 다투는 것이기에 부모는 아이들이 문제를 해결하는 방법을 찾을 수 있도록 도와주어야 한다.

　　문제를 해결하는 과정은 몇 단계로 나눌 수 있다. 제일 첫 단계는 문제가 있음을 알리고 무엇이 문제인지 정확하게 정의하는 것이다. "아휴, 문제가 생긴 것 같네. 좀 전까지 잘 놀고 있었는데, 지금은 싸우고 있네. 무슨 일이니?"라고 아이들에게 묻는다. 그리고 아이들 모두의 말을 주의 깊게 잘 들은 다음 아이들의 문제가 무엇인지 분명하게 정리해서 말해준다. "아, 그러니까 지금 문제는 이 남은 딱지 하나를 누가 가지냐는 거구나. 딱지는 하나뿐인데 너희 둘 다 갖고 싶다는 거지. 그게 문제네." 다음 단계는 이 문제를 해결하기 위해 어떻게 하면 좋을지 함께 생각을 모아보는 것이다. "그럼 싸우거나 화내지 않고 이 문제를 해결할 방법을 함께 찾아보자. 어떤 방법이 있을까?"라며 아이들이 해결책을 생각하도록 격려해준다. 아이들의 의견을 잘 들어주고 맞장구도 쳐주고 때론 제안하며 갈등 해결 과정을 이끌어간다는 점에서 유능한 진행자와도 같다.

"음……. 당장 좋은 생각이 떠오르지 않는 것 같구나. 맞아. 쉽지 않아. 그래도 자꾸 생각해보면 분명 이 문제를 해결할 좋은 생각이 날 거야. 나도 생각을 해볼게. 흠……. 이런 방법은 어때? 이 딱지는 빼놓고 하는 거야. 이것 때문에 놀지도 못하고 싸우게 되니까 아예 빼놓는 거지. 아니면 이런 방법도 있어. 이번 게임에서는 가위바위보로 이긴 사람이 이 딱지를 갖고, 다음 차례에는 다른 사람이 이 딱지를 갖는 거야. 그렇게 돌아가면서 갖는 거지." 이렇게 부모가 몇 가지 제안을 하면 아이들도 이에 덧붙여 자기 의견을 말하기 시작하며 문제 해결 과정에 보다 적극적으로 참여한다. 아이들이 낸 의견들은 종이에 적거나 휴대폰 메모장에 적도록 한다. 더 이상 새로운 의견들이 나오지 않으면 이제껏 나온 해결책들 중에서 하나를 고르는 선택 결정의 단계로 넘어간다. 적어놓은 해결책들을 하나하나 살펴보며 아이들 모두 동의한 해결책 중에서 최종적으로 하나를 골랐다면 마지막은 실행 단계로 정한 해결책대로 진행하는 것이다. 부모는 "와, 드디어 너희들이 해결 방법을 찾았구나. 멋지다! 싸우거나 화내지 않고 너희들 스스로 이 문제를 해결한 거야. 자, 그럼 이 방법대로 해볼까?"라고 칭찬해주며 해결

책이 실행에 옮겨지는지 지켜봐주면 된다. 이와 같은 갈등해결 과정은 매우 민주적이며 아이들이 문제 해결의 주체가 될 수 있다. 이러한 과정을 경험한 아이들은 이후 어른의 도움 없이 스스로 문제를 해결해나갈 수 있게 되며, 이를 지켜보는 부모들 역시 어떤 불만도 제기하지 않을 것이다.

CHAPTET 3

아이의
학교 생활

초등 시기(만 6세~11세)

초등학교 시기가 되면 아이들은 자연스럽게 부모보다 친구에게 더 큰 의미를 두기 시작한다. 부모는 이런 변화를 성장의 과정으로 이해하고, 서운해하기보다 지지해준다. 이 시기 아이들은 단순히 함께 노는 대상이 아니라 마음을 나누고 일상을 공유할 수 있는 친구를 갖고 싶어 하는 욕구가 더욱 커진다. 동시에 소속감의 욕구가 커지면서 교실, 동아리, 놀이 모임처럼 '내가 속해 있다'고 느낄 수 있는 집단이 중요해진다. 특히 외동아이에게 소속감은 외로움을 완화하고 정서·사회적 발달의 중요한 기반이 된다.

또한 단짝 친구에 대한 바람이 강해지는데, 외동아이는 부모와의 깊은 일대일 관계에 익숙해 단짝에게도 그만큼 친밀함을 기대하는 경우가 많다. 우정이 깊어질 수도 있지만, 한 친구에게 지나치게 의존하면 갈등 상황에서 크게 흔들리거나 자신의 감정과 정체성을 놓칠 위험도 있다. 따라서 부모는 단짝의 존재를 존중하되, 외동아이가 한 관계에만 매달리지 않고 다양한 또래와 자연스럽게 관계를 넓혀갈 수 있도록 도와주는 것이 필요하다. 이러한 경험은 아이가 관계 속에서 균형을 잡고 건강한 정체성을 형성하는 데 중요한 역할을 한다.

집단 활동에
참여시키기

　　집단 활동에 참여하는 것은 외동아이의 외로움을 줄여주고 친구를 사귈 수 있는 기회를 제공하며 사회성 기술을 배우는 데 큰 도움이 된다. 아이들이 참여할 수 있는 집단은 꽤 다양하다. 어린이집, 유치원, 학교와 같은 교육기관부터, 영어, 수학을 가르치는 학원, 미술, 음악, 태권도, 수영, 축구클럽 등의 예체능 학원이나 문화센터교실, 역사, 숲 탐방 등의 체험학습교실, 종교기관의 유아유치부, 아동청소년부 등 조금만 찾아보면 아이들이 참여할 수 있는 다양한 집단 활동 프로그램들이 있다. 집단은 사회생활의 가장 기본이 되는 규칙을 익히는 최고의 장소로, 아이들은 집단 활동을 통해 차례 지키기, 나누기, 기다리기, 손 들고 말하기, 인사하기, 줄 서기 등을 배운다. 외동아이에게는 이러한 집단생활이 처음에는 낯설고 불편하게 느껴지기도 하지만 다른 또래들을 따라 하다 보면 자연스럽게 규칙을 익히게 된다. 이렇게 집단의 시너지 효과로 혼자 배울 때보다 여럿일 때 더 쉽게 배운다.

집단을 통해 다른 사람의 감정과 생각을 이해하고 협력, 배려하는 법도 배울 수 있는데, 이는 아이들끼리 상호작용을 할 수 있는 즐거운 시간이 제공되는 집단에서 보다 잘 배울 수 있다. 학습만을 강요하고, 기술을 익히는 데 중점을 둔 집단은 아이들 간의 상호작용을 억제하며 경쟁적인 분위기를 만들기 쉽다. 물론 학습을 가르치는 학원이어도 아이들이 함께할 수 있는 경험을 제공하는 기관이라면 아이들도 즐겁게 다니고 사회성도 발달된다. 강의만 듣고 문제만 푸는 게 아니라 아이들끼리 교류하는 즐거운 시간을 자주 제공하면 아이들은 친구를 만들 수 있는 기회가 늘어난다. 즐거움은 또래 관계를 강화해주는 가장 강력한 요인으로 유아나 초등학생을 위한 집단 활동을 선택할 때 프로그램 내에 즐거움이 포함되어 있는지를 살펴봐야 한다.

같은 취미를 가진 아이들끼리 함께하는 프로그램에 참여하는 것도 아이들의 사회성을 높여주는 데 도움이 된다. 서로 비슷하면 이끌리는 특성이 있기 때문에 같은 취미를 가졌다는 것만으로도 아이들은 서로에게 호감을 느끼게 된다. 역사를 좋아하는 아이는 주말에 역사탐방 체험교실에 참여하고, 과학에 관심이 많은 아이라면 과학관 방문 체험이나 과학교실에 참여해 같은 관심사에 대해 이야기를 나누며 지속적인 만남을 이어나갈 수 있다.

팀을 이루어 협력하는 활동이 많은 집단 프로그램도 좋다. 혼자 피아노를 배우는 것보다 오케스트라나 합창단, 축구처럼 여럿이 한 가지 목적을 향해 나아갈 때 집단 소속감은 높아지고 협동심이 고취된다. 하지만 너무 이른 나이에 조직적인 팀 활동은 권하지 않는다. 합창단이나 축구단과 같은 조직적인 팀 활동은 팀워크에 대한 개념이 발달하는 만 6세 이후에 하는 것이 적합하다. 만 10세 이상이 되어야 경쟁적인 팀 활동이 가능하기 때문에 초등 저학년까지는 팀 활동을 하더라도 경쟁보다는 협력과 재미를 강조하는 것에 중점을 두는 것이 좋다. 요즘은 손흥민, 이강인과 같은 축구선수들이 워낙 유명하고 선망의 대상이 되다 보니 조기교육을 시켜야 한다는 생각에 어릴 때부터 축구클럽에 들어가서 훈련을 하는 경우들이 종종 있다. 아이가 축구를 좋아하고 재미있어 하면 얼마든지 해도 된다. 하지만 유아기의 스포츠는 신체를 조절하며 움직임과 재미를 느끼는 것이어야지 스파르타식으로 하면 절대 안 된다. 팀 활동은 놀이 중심의 스포츠로 한정되어야 한다.

학원이나 체험활동 프로그램이 아니더라도 아이들을 위한 집단은 얼마든지 구성할 수 있다. 놀이터에서 놀고 있는 아이들, 생일파티를 위해 모인 아이들도 모두 훌륭한 놀이집단이다. 이러한 놀이집단은 학원이나 체험학습 교실처럼 지도자가 없기 때문에 좌충우돌 부딪치는 상황도 많이 발생하지만, 그 과정에서 문제 해결 능력을 키우기도 한다. 대부분의 아이들은 자기들 나름의 규칙을 만들고 갈등을 자체적으로 해결하기 위해 노력한다. 하지만 때로는 갈등을 봉합하지 못해 관계가 단절되거나 같은 공간에 있지만 함께 어울려 놀지 못하는 경우도 있다. 이럴 때에는 어른이 나서서 아이들이 함께 놀 수 있도록 돕거나 갈등해결을 위한 중재자의 역할을 해주는 게 필요하다.

단짝 친구와의
교류

　　어릴 적에는 또래들과 어울리며 기초적인 사회성 기술을 습득한다면 좀 더 성장해서는 친구 관계를 형성하고 단짝 친구를 가질 수 있도록 해야 한다. 또래와 친구는 관계의 질에 있어서 차이가 있는데, 또래는 비슷한 나이대의 사람들을 광범위하게 지칭한다. 같은 유치원이나 학교, 학원을 다니는 아이들을 통칭해 또래라고 한다면 친구는 좀 더 특별한 관계를 의미한다. 또래 관계는 감정적 유대가 크지 않은 경우가 많고 상호작용도 한정적일 때가 많지만 친구는 정서적 유대와 신뢰를 기반으로 보다 친밀하게 상호작용한다. 그중에서도 단짝 친구는 더욱 특별하다.

단짝 친구는 아이의 사회, 정서 발달과 자존감 형성에 큰 영향을 끼치는 존재로 아이들은 단짝 친구와 함께 놀고 서로의 비밀을 공유하며 돕고 협력하면서 신뢰와 친밀감을 쌓고 갈등 해결, 타협, 협력과 같은 기술을 연습하며 공정성과 충성심의 개념을 배운다. 또한 단짝 친구와 비슷한 가치관, 흥미, 성격을 공유하고 갈등이 생기더라도 더 잘 해결하고 관계를 유지하려고 노력하면서 정서적·사회적으로 한층 성숙해진다. 또한 단짝 친구는 자기 표현과 감정 지지의 중요한 통로로, 아이가 스트레스를 해소하고 자신감을 얻는 데 도움을 주며 자존감과 정체성 형성에도 긍정적인 영향을 준다. 이러한 단짝 친구는 마치 좋은 형제자매와도 같은 역할을 담당하기 때문에 단짝 친구를 가리켜 '의형제', '자매 같은 사이'라고 부르는지도 모르겠다. 이처럼 단짝 친구는 외동아이에게 우애 좋은 형제자매와 같은 역할을 해주는 훌륭한 정서적·사회적 지원이 될 수 있기에 부모는 단짝 친구를 만들 수 있는 기회를 제공하고 격려해주어야 한다.

본격적으로 단짝 친구를 만들기 시작해야 하는 시기는 만 6세경이다. 친구에 대한 개념은 만 3세경부터 시작되나 이때의 친구는 '일시적 놀이동료'의 역할이어서 같이 놀고 있는 아이라면 누구든지 친구라고 부른다. 단짝 친구는 보통 만 6~9세 사이에 나타나며, 이때부터 친구관계가 좀 더 안정되고 지속적으로 이루어진다. 9~12세가 되면 단짝 친구관계는 더욱 깊어져 강한 정서적 유대감을 나타낸다. 단짝 친구를 만들기 위해서는 다양한 또래와 자주 어울리는 경험을 해야만 한다. 부모가 점찍어둔 아이를 데려와 "애랑 친하게 지내!"라고 한다고 단짝 친구가 되지는 않는다. 단짝 친구가 되려면 서로에게 호감을 느끼고 끌리는 면이 있어야 하며, 공유하는 경험이 많아야 한다. 여러 아이들이 함께하는 시간을 자주 갖게 되면 아이는 그 아이들 중 자신과 맞는 아이에게 관심을 보이기 시작한다. 친구 관계를 형성하는 데 가장 중요한 요인은 '유사성'으로 성격이나 관심사가 비슷한 아이들은 서로에게 이끌린다. 그렇게 아이들은 자신과 맞는 친구를 찾아간다. 그런 친구를 찾았다면 이제 좀 더 자주 만남의 시간을 갖는 것이 필요하다. "우리 그때 같이 에버랜드 갔었지!", "지난번 도서관 식당에서 우리 컵라면 같이 먹었지!"처럼 함께한 경험이 있을 때 아이들은 좀 더 끈끈한 결속감을 느낀다. '눈에서 멀어지면 마음에서도 멀어진다'는 말처럼 서로에게 호감이 있어도 보지 못하면 관계는 끊어지게 되므로, 놀이터나 집에서 자주 놀이하는 시간을 갖도록 해준다. 때때로 파자마 파티, 주말여행이나 캠핑, 도서관이나 키즈 카페를 같이 가는 특별한 이벤트를 하는 것도 좋다.

아이에게 단짝 친구를 만들어주기 위해서는 부모의 협조가 필요하다. 초등학생 때까지는 아이의 스케줄 관리에 부모가 깊숙이 관여되어 있어서 아이가 마음대로 친구 집에 가거나 놀이 약속을 잡을 수 없기 때문이다. 언제, 어디서 놀 것인지 부모의 동의와 관리가 필요하므로 만일 부모가 집에 친구를 데려오는 것을 불편해하거나, 남의 집에 가는 것을 허락하지 않는다면 아이는 단짝 친구를 만들기 어렵다.

상담을 하다 보면 친구와 놀 시간이 너무 없다며 불만을 표현하는 아이들을 종종 만난다. 특히 맞벌이 가정에서 이런 일이 많다. 평일에는 부모가 없는 집에 친구를 데려오지 못하게 하고, 주말에는 가족과 함께 보내야 한다며 친구와 놀지 못하게 한다. 맞벌이 가정의 부모는 평소에 아이와 함께 보내는 시간이 적은 것에 죄책감을 느껴 주말이 되면 피곤한 몸을 이끌고 아이와 외출을 하는 경우가 많다. 부모 입장에서는 힘들어도 아이를 위해서 함께하려고 하지만 초등학생이 되면 친구에 대한 욕구가 높아져 부모와 노는 것보다 동네에서 친구들과 노는 게 더 중요하고 재미있을 수 있다. 그런 아이에게 "친구가 죽으라면 죽을 거야?", "친구야, 부모야?"란 식으로 부모에 대한 충성심만을 강요해서는 안 된다. 아이들이 커나가면서 또래에 대한 욕구가 높아지는 것은 당연한 것이고, 이것이 아이의 발달에 중요한 역할을 담당하는 것임을 받아들여야 한다. 하루 종일 놀게 하거나 시도때도 없이 드나들게 하는 것은 곤란하지만 적어도 일주일에 3회 이상 하루에 30분~1시간은 친구와 함께하는 시간을 가질 수 있도록 아이의 일과를 조정해주면 좋다.

　친구네 부모와도 친하게 지낸다면 더할 나위 없다. 부모들끼리 잘 알고 지내면 아이들이 함께하는 시간을 맞추기가 쉽고 눈치 볼 일도 적으니 마음도 편하다. 믿을 만한 어른이니 필요할 때 아이를 잠시 맡길 수도 있고 도움을 청할 수도 있어 부모에게도 좋은 일이다. 단짝 친구는 대개 가까운 곳에 살기 때문에 멀리 사는 조부모나 이모, 고모보다 더욱 유용한 사회적 자원이 될 수 있다. 나의 경우, 딸아이의 단짝 친구 엄마의 도움을 많이 받았다. 일 때문에 쫓아다닐 수 없는 나를 대신해 수영 강습을 데리고 다녔으며, 일이 늦게 끝날 때는 저녁을 챙겨줄 때도 많았다. 대신 내가 시간이 나는 주말에는 딸아이와 친구를 데리고 여행을 많이 다녔다. 친구가 있으니 딸아이 옆에 붙어서 놀아줄 필요도 없어서 나도 편하고 아이들도 신나게 놀 수 있었다. 가끔은 가족들이 모두 모여 식사하는 자리도 마련해 육아 팁도 나누고 고충도 토로하며 동지애를 나누기도 했다. 이렇게 자녀의 단짝 친구를 통해 부모도 친한 친구를 만들 수 있다.

단짝 친구에 대한
지나친 의존은 해롭다

외동아이가 단짝 친구를 갖게 되었을 때 생길 수 있는 문제 중의 하나는 친구에 대한 지나친 의존이다. 특히 부모에게 의존하는 경향이 강했던 외동아이에게 이런 모습이 좀 더 많이 나타난다. 단짝 친구의 생각이나 행동을 그대로 따라하고, 의사결정도 친구에게 맡겨버리는 등 스스로 판단하거나 주도적으로 행동하지 못하는 모습을 보일 수 있다. 이렇게 되면 자기만의 정체성을 확립하는 데 어려움을 겪게 될 수 있으며, 또래들에게도 무시당하기 쉽다.

외동아이와 단짝 친구 사이에서 발생할 수 있는 또 다른 문제는 지나친 소유욕이다. 물론 만 12세 이전까지 아동들의 친구 관계는 배타적이고 소유적인 특성을 보인다. 모든 것을 함께해야 한다든지 단짝 친구가 자신 말고 또 다른 친구를 갖는 것을 싫어한다. 외동아이의 경우는 이러한 성향이 좀 더 강하게 나타날 수 있다. 부모에게 자신이 '전부'였듯이 친구도 자신만을 좋아하고 바라봐주기를 바라며, 아이 역시 친구를 자신의 전부로 여기고 독점하려는 것이다. 이것 역시 지나칠 경우 단짝 친구를 잃고 또래들에게 배척당할 수 있다.

단짝 친구는 아이들의 정서·사회성 발달에 큰 도움이 되는 소중한 존재지만 단짝 친구에 대한 지나친 의존이나 소유는 아이에게 해로운 결과를 초래할 수 있다. 부모 자식과의 관계처럼 매우 가까운 사이에서도 경계가 있어야 하는 것처럼 아무리 죽고 못 사는 단짝 친구라 하더라도 경계는 존재해야 한다. 친구처럼 혹은 친구가 나처럼 똑같이 해야 하고 좋아하는 것이 같아야만 단짝이 되는 것은 아니다. 친구의 생각과 감정을 존중하며 나 자신도 존중할 때 건강한 단짝 친구 관계가 될 수 있다. 이를 위해 부모는 아이에게 '개인주의'를 알려줄 필요가 있다.

많은 사람들이 개인주의를 부정적인 개념으로 알고 있는데, 이는 개인주의individualism와 이기주의egoism를 혼동하기 때문이다. 이기주의는 자신의 이익과 욕구를 최우선으로 하며, 자신의 이익을 위해서는 타인의 필요나 권리를 무시하는 것이라면, 개인주의는 타인의 권리와 자유를 침해하지 않으면서 자신의 목표를 추구하고, 자신의 삶을 스스로 결정하고 책임지는 것을 강조하는 것이라 할 수 있다. 외동아이들이 개인주의를 배우면 자신의 경계를 설정하고 타인의 경계도 존중하며 상호존중에 기반한 건강한 관계를 형성할 수 있다.

이를 위해 부모는 평소에 아이가 친구의 권리와 감정을 존중할 수 있도록 지도해야 한다. 친구의 물건을 허락 없이 만지지 않는다거나 친구가 쉬고 싶을 때 기다려주는 것 등 친구의 공간과 시간을 존중해주고 친구가 다른 생각과 감정을 갖고 있는 것도 받아들일 수 있게 해야 한다. "넌 그게 궁금하구나. 그건 윤후 거니까 윤후에게 해도 되냐고 물어봐야 해. 아무리 친한 사이라도 허락 없이 가져오면 안 된단다", "넌 지금 놀고 싶은데, 윤후가 놀아주지 않아 섭섭하구나. 윤후는 좀 힘든가 보네. 힘든데 놀면 쉽게 지치고 기분이 나빠질 수 있지. 윤후에게는 휴식 시간이 필요한 거야"처럼 대인관계에서 지켜야 할 기본적인 규칙과 함께 아이와 친구 모두의 감정을 알려준다. 만일 아이가 집에 와서 단짝 친구가 다른 아이와 말했다며 속상해 한다면 이때도 아이와 친구의 입장 모두를 헤아려 말해준다. "너는 지민이가 너무 좋아서 지민이가 너하고만 놀고 말했으면 좋겠구나. 그래서 지민이가 다른 아이와 말했을 때 속상했구나. 지민이는 그때 그 친구와 할 말이 있었나 봐. 지민이는 자기 생각대로 말하고 행동할 수 있지.

네가 너만의 생각과 감정이 있는 것처럼 말이야." 만일 아이가 불안해한다면 다음과 같이 물어볼 수 있다. "지민이가 혹시 너보다 그 아이와 더 친하게 지내게 될까 봐 걱정이 되나 보네. 그럼, 오늘 지민이가 그 아이하고만 말하고 너와는 아무 말도 하지 않았니?" 아이들은 불안감이 몰려오면 부정적인 사고가 활성화되는 경향이 있기 때문에 이런 질문을 통해 현실적으로 생각할 수 있도록 도와줄 수 있다. "아니구나, 그 후에 너와 평소처럼 말도 하고 같이 놀기도 했네. 여전히 너와 지민이는 단짝 친구네"라는 말과 함께 다음과 같은 말을 덧붙이는 것도 좋다. "정말 좋은 사이는 서로 믿고 존중해주는 거야. 아무리 친하다고 해도 모든 것을 함께하고 똑같이 할 수는 없어. 엄마랑 너도 정말 가깝고 친하지만 좋아하는 색도, 음식도 다르잖아. 그런 게 다르다고 우리 사이가 나쁘다고 할 수는 없지. 오늘 지민이가 다른 친구와 이야기를 해서 네 마음이 불안했지만 그래도 방해하지 않은 건 정말 멋진 행동이야. 그게 바로 친구를 존중해주는 거지. 아, 참. 그리고 한마디 더! 좋은 친구는 많으면 많을수록 좋단다. 네가 좋아하는 지민이가 관심을 갖는 친구라면 아마 네게도 좋은 친구가 될 수 있을 것 같네."

자기표현을 할 수 있게 도와주는 것도 아이의 개인주의를 발달시키는 데 도움이 된다. 특히 단짝 친구에게 지나치게 의존하는 아이라면 평소에 자신의 생각과 의견을 자유롭게 표현할 수

있도록 격려해주어야 한다. 만일 아이가 “엄마, 윤하가 그러는
데”와 같은 식으로 자기 의견을 말하지 못하고 단짝 친구의 말만
옮길 때는 “야, 너는 왜 맨날 걔 얘기만 하는데? 너는 생각이 없
니? 따라쟁이야?”라는 말은 절대 하면 안 된다. 자연스럽게 아이
자신의 생각을 말해보게 해야 한다. “아, 윤하는 그렇게 생각했구
나. 네 생각은 어때?”라는 식으로 묻는 것이 좋다. 아이가 “몰라”
혹은 “나도 윤하랑 똑같아”라고 한다면 부모는 “아, 그러니까 너
는 ~하다고 생각했구나”라며 친구를 들먹이지 않고 아이 생각을
정리해 말하거나, “엄마는 그 이야기를 듣고 이렇게 생각했어”라
며 부모가 생각한 것들을 몇 가지 꺼내어 아이도 자기 생각을 말
해볼 수 있게 유도할 수 있다.

평소 아이가 말할 때 잘 들어주고, 아이가 의견을 낼 때에는
“네 생각은~”, “너는 그렇게 하고 싶구나”처럼 아이가 생각의 주
체자임을 강조해주도록 한다. 이를 통해 아이는 자신의 생각을
가치 있는 것으로 느껴 또래 관계에서도 보다 적극적으로 의사
표현을 할 수 있게 된다.

게임에서 지는 걸
용납 못 할 때

예닐곱 살이 되면 아이들은 게임 놀이에 관심을 보이기 시작한다. 놀이터에서는 '무궁화 꽃이 피었습니다'나 '술래잡기'와 같은 신체 활동이 있는 놀이를 하고 실내에서는 다양한 종류의 보드게임을 하며 논다. 게임은 아이들이 매우 즐거워하는 놀이지만 규칙과 승패가 있다는 점에서 긴장감을 주는 것이기도 하다. 규칙을 어기거나 승패를 받아들이지 않을 땐 다툼으로 이어질 수 있기 때문이다. 유아기에는 자기조절력이 충분히 발달하지 않아 게임에서 지면 울고불고 떼를 쓰며 난리를 부리는 경우가 종종 있다. 이는 외동아이나 형제자매가 있는 아이나 마찬가지지만 외동아이들이 조금 더 오래 이런 모습을 보이는데, 이는 경험의 차이 때문으로 여겨진다.

형제자매가 있는 아이들은 보드게임을 주로 형제자매와 함께하는데 이들은 봐주는 게 없다. 다행히도 처음 하는 보드게임은 대개 운이 좌우하는 우연 게임으로 어린 동생도 운만 좋으면 이길 수 있으니 해볼 만하다. 지면 화도 나고 짜증도 나지만 이길 때는 그렇게 신날 수가 없으니 이 재미있는 것을 하지 않을 이유는 없다. 규칙만 지키면 즐겁게 게임을 할 수 있고 비록 지더라도 게임하는 과정의 아슬아슬함과 재미가 상당하다는 것을 알게 되면 아이들은 졌다고 난리치거나 이기려고 반칙을 쓰지 않는다. 이렇게 형제자매가 있는 아이들은 거의 매일 형제자매와 게임 놀이를 하며 게임에 필요한 자기조절력을 발달시키지만 외동아이의 경우는 부모에 따라 게임을 대하는 태도가 달라진다. 게임을 할 때 규칙을 지키는 것이 왜 중요한지 아이에게 알리고 지킬 수 있도록 지도해주는 부모도 있지만, 하나뿐인 소중한 외동아이를 기죽이지 않으려고 번번이 져주거나 규칙을 어겨도 봐주는 부모도 있다. 이렇게 되면 아이는 본격적인 게임 놀이가 시작되는 초등학생이 되어서도 규칙을 어기거나 바꾸려 하고, 지면 지나치게 화를 내고 좌절감을 표현해 또래들의 기피 대상이 될 수 있다.

성훈이가 바로 그런 아이였다. 초등학교 4학년인 성훈이는 공부도 잘하고 말도 똑 부러지게 하는 아이였지만 또래에게는 인기가 없었다. 사실 인기가 없는 정도가 아니라 또래들이 싫어하는 아이였다. 담임선생님이 반 아이들에게 좋아하는 아이와 싫어하는 아이를 각각 3명씩 적어보라고 했을 때 성훈이를 좋아한다는 아이는 단 한 명도 없었고, 싫어하는 아이로는 가장 많은 표를 얻었다. 이 사실을 알게 된 성훈이 엄마는 부랴부랴 아이 손을 이끌고 상담센터에 오게 되었다. 성훈이와 상담을 해보니 문제는 성훈이의 지나친 승부욕이었다. 그 또래 아이들처럼 성훈이도 게임 놀이를 매우 좋아했는데, 자신이 이기지 못할 것 같으면 말도 안 되는 규칙을 지어내고, 지면 심하게 화를 내며 게임을 그만하겠다는 아이들을 붙잡고 자신이 이길 때까지 계속 게임을 하려 했다. 당연히 아이들은 성훈이와 함께 게임하기를 꺼렸다. 어쩌다 싸움이라도 일어나면 성훈이 편을 들어주는 아이들은 단 한 명도 없었고, 오히려 성훈이의 반대편에서 그동안 성훈이가 잘못한 일들을 지적하며 몰아붙였다.

성훈이는 외동아이로 그동안 집에서 부모와 게임을 할 때는 천하무적이었다. 말을 잘하는 성훈이는 게임에서 불리한 상황에 처하면 이런저런 핑계를 대며 규칙을 변경했고, 이때마다 부모는 이를 허용해주었다. 게임에서 이긴 성훈이는 의기양양해졌다. 그런 모습을 보며 부모는 성훈이의 자존감을 높여주었다고 생각했다. 어느새 성훈이는 자신이 게임에서 진다는 것은 상상도 할 수 없게 되었고, 성훈이에게 패배란 곧 커다란 실패를 의미하게 되었다. 그래서인지 학교에서 친구들과의 게임에서 지게 된 날이면 성훈이는 마치 실패를 만회라도 하려는 듯 집에서 만족할 때까지 부모와 게임을 하곤 했다. 성훈이는 나와 상담을 할 때에도 보드게임을 하자고 조를 때가 많았다. 하루는 체스게임을 하게 되었는데, 아니나 다를까 게임에서 조금만 불리해지면 성훈이는 이런저런 규칙을 바꾸려고 했다. 그것에 대해 제지를 하니 갑자기 앉아 있던 성훈이가 옆으로 팔을 괴고 누워버렸다. 그러고는 나를 보며 말했다. "아이, 피곤해. 선생님, 나 지금 대충 하는 거 보이죠?" 게임에서 지는 것이 용납되지 않았던 성훈이는 이런 식으로 게임에서 질 때를 대비한 핑계를 만들었다. 그런 성훈이를 보며 나는 마음이 몹시 아팠다.

  '아, 이 아이에게는 게임은 이겼을 때만 즐거운 것이고, 그랬을 때만 자신이 가치 있는 사람이라고 느끼는구나!'라는 생각이 들었기 때문이다. 성훈이에게 필요한 것은 게임을 즐기는 법과 게임에서 졌다고 자신을 쓸모없는 사람이라고 느끼지 않는 경험이다. 이를 위해 먼저 게임하는 과정을 흥미진진하게 만들어야 한다. 이후 성훈이와 게임을 할 때에는 중간에 웃긴 이야기도 섞어가며 마치 게임방송 캐스터처럼 게임 상황을 중계해나갔다. 아쉬웠던 장면에서는 아쉬움도 표현하지만, 그 또한 재미있는 과정으로 느낄 수 있게 표현했다. 비록 결과는 만족스럽지 않았어도 도전과 노력을 시도한 것에 대해 인정해주었고 이기는 것도 좋지만 졌어도 재미있는 시간을 보낸 것만으로 좋은 것들을 틈틈이 말해주었다. "오늘은 꽤 치열한 승부였어! 엎치락뒤치락 진짜 아슬아슬하지 않았니? 그래서 긴장되기도 했지만 스릴도 있어서 더욱 재밌었던 것 같아!", "와! 아까 그 시도는 진짜 대단했던 것 같아! 그 상황에서 그런 도전을 하다니 정말 멋있었어!", "오구! 아까비! 아깝습니다! 하지만 원래 인생이란 그런 거죠. 잘될 때도 있고, 안 될 때도 있고, 그러다가 또 잘되기도 하고. 다음 기회를 노려주세요!", "졌지만 그래도 진짜 재밌었어. 시간이 정말 후딱 갔네", "항상 이기는 것은 불가능해! 레전드라고 불리는 운동선수들을 봐. 그렇게 잘하는데도 매번 이기지는 못하잖아!" 성훈이와 게임을 하면서 많이 했던 말들이다.

어느새부터인가 성훈이는 점차 게임하는 과정을 즐기기 시작했다. 내게 게임을 잘하는 요령을 알려주기도 하고, 어떤 때는 이야기를 나누느라 게임을 마치지 못할 때도 있었다. 죽기 살기로 게임에서 이기려던 아이가 "오늘은 승리의 여신이 선생님 편인가 보네요", "아! 아까웠다! 이길 수 있었는데! 이 게임 되게 재밌네요. 선생님, 다음에 한 판 더 해요"라고 말할 수 있는 여유를 보이기도 했다. 그러면서 친구들과의 사이도 좋아져서 상담에 오면 친구들과 놀았던 이야기를 하기 시작했다.

이처럼 게임을 제대로 하는 것만으로도 아이는 편해지고 사회적 관계는 좋아진다. 바로 이것이 아이와 게임을 할 때 부모가 게임 방법에도 주의를 기울여야 하는 이유이다.

Part 5

외동 부모를 위한 마음 공부

외동아이를 키운다는 것은 조금은 특별한 육아라 할 수 있다. 온 마음을 다해 아이 하나에게 집중하고, 온 가족의 기대와 사랑이 그 아이에게 향하면서 부모는 어느새 모든 것을 잘해내는 아이를 기대하게 된다. 동시에 그런 아이를 만들어내야만 '내가 부모로서 잘하고 있는 것'이라는 생각에 외동아이 부모의 마음은 점점 더 복잡해진다.

"내가 너무 기대를 많이 하는 걸까?"
"아니야. 내가 이렇게 열심히 아이를 위해 노력했으니 아이도 당연
히 잘할 거야."
"내가 힘든 건, 내가 좋은 부모가 아니어서가 아닐까."
"혹시 내가 사랑을 부족하게 주고 있는 건 아닌가?"
이렇게 외동아이의 부모는 자주 스스로를 의심하고 자책하며, 완
벽주의의 그늘 아래 자신을 몰아놓곤 한다. 하지만 육아는 완벽해
야 하는 게 아니다. 있는 그대로의 나와 아이가 만나 서로를 배우고
실수하고, 다시 보듬는 느린 여정이다. 이 여정은 외동아이를 키우
며 품게 되는 수많은 감정들과 기대들을 천천히 마주하고, 그 속에
서 내 마음을 들여다보고 스스로에게 따뜻한 시선을 건네는 것부
터 시작된다. 부모가 먼저 자신을 잘 이해하고 돌볼 때 비로소 아이
도 그 안에서 자유롭고 건강하게 자랄 수 있다. 완벽한 부모가 되기
전에, 충분히 괜찮은 나로 살아가는 것, 외동아이를 위한 가장 단단
한 마음 공부는 바로 거기에서 시작된다.

과잉 기대는 금물! 기대 수준을
현실적으로 조정하기

상담을 하다 보면 종종 부모의 과잉 기대 때문에 힘든 아이들을 만날 때가 있다. 그중에서 진영이가 특히 기억에 남는다. 진영이는 고등학교 2학년으로 훤칠한 키에 잘생긴 얼굴, 거기에 공부까지 잘해서 부모의 사랑과 기대를 한몸에 받아온 외동아이다. 그런 진영이가 상담을 하러 오게 된 이유는 가출과 이어진 무단결석 때문이었다. 전에는 한 번도 이런 문제를 일으킨 적이 없던 아이의 갑작스런 가출로 부모는 큰 충격을 받았고, 수소문 끝에 아이를 찾아서 상담센터로 끌고 왔다. 흔히 가출에 무단결석을 한 아이라면 비행청소년을 떠올리기 쉽지만 진영이는 그런 아이들과는 거리가 멀었다. 내키지 않은 걸음이었지만 진영이는 내게 예의 바르게 행동했고 자신으로 인해 부모가 받았을 상처에 대해서도 염려했다. 그럼에도 불구하고 진영이가 집을 나올 수밖에 없었던 것은 부모의 지나친 기대로 인한 스트레스와 그 기대를 충족시키지 못할 것이라는 불안감 때문이었다.

진영이는 어릴 적부터 꽤 영민해서 늘 부모의 자랑거리였다. 공부에 소질이 있다는 생각에 초등학교에 들어가면서부터는 수학학원 선생님인 진영이 아빠가 직접 공부를 가르치기 시작했다. 그래서인지 성적은 늘 전교 상위권을 유지했다. 고등학교에 들어가면서부터 진영이 부모는 스카이와 같은 명문대 진학을 목표로 잡았다. 이를 위해서는 내신 성적이 중요하기 때문에 학교 성적이 부모의 초미의 관심사가 되었다. 고등학교 1학년 동안 진영이는 전교 7~10등 사이의 성적을 유지했지만 부모에게는 충분하게 느껴지지 않았다. 이에 1학년 겨울방학 동안 전교 3등 안으로 성적을 올리기 위한 특훈이 진행됐다. 부모는 종종 진영이에게 "너를 위해서 우리가 이렇게 애쓰는데……"라는 말을 많이 했고, 이 말을 들을 때마다 진영이는 부담감과 함께 두려움마저 느꼈다. 2학년이 되어 대망의 중간고사가 치러졌다. 진영이의 성적은 7등으로 부모의 기대에 못 미치는 결과였다. 진영이는 부모님의 실망한 얼굴과 자신을 향할 비난과 처벌이 두려웠다. 도저히 그 성적표를 부모님에게 보여줄 수 없다고 생각한 진영이는 전교 2등으로 성적표를 위조해 부모님에게 보여주었다. 아이가 성적표를 위조했을 것이라는 생각은 꿈에도 생각하지 못한 부모님은 기뻐하며 자축 파티까지 열었다. 하지만 문제는 그다음에 일어났다. 성적표를 받은 지 며칠 후, 진영이 아빠가 학교에 찾아간 것이다. 아이의 좋은 성적에 대해 담임선생님에게 감사의 말을 전하고, 앞으로의 진로도 의논할 겸이었다. 담임선생님을 만난 진영이 아빠는 성적표 위조 사실을 알게 되었다. 아빠는 바로 진영이의 조퇴를 신청하고 교문 앞에서 진영이를 기다렸다. 하지만 아무리 기다려도 진영이는 나타나지 않았다. 자신이 한 일이 탄로 났다는 것을 안 진영이가 그 길로 가출을 해버린 것이다.

진영이는 내게 다시는 집으로 돌아가고 싶지 않다고 말했다. 지금은 숙식 제공을 하는 계곡 유원지에 있는 식당에서 아르바이트를 하고 있는데, 몸은 힘들지만 마음은 편하다고 했다. 물론 부모님을 생각하면 죄송스럽지만 그동안 한 공부는 자신을 위한 것이 아니라 부모님을 위한 것이었고, 이제 더 이상 부모의 기대를 충족시킬 자신이 없으니 포기하고 싶다고 했다. 진영이와의 상담이 끝나고 부모님을 만났다. 진영이 부모님은 여전히 화가 난 상태였다. 모두 다 아이를 위해서 한 일인데, 그리고 조금만 더 하면 충분히 목표를 이룰 수 있는 능력이 있는데 왜 그러는지 모르겠다며 한숨을 쉬었다. 그런 부모님을 보고 있자니 나도 가슴이 답답해졌다. 아마도 진영이가 느꼈을 답답함과 압박감이 이런 것이었을 것이다.

자식에게 기대를 하지 않는 부모가 어디 있겠느냐만 외동아이 부모는 그 정도가 좀 더 과할 때가 종종 있다. 여러 자녀가 있는 경우 부모의 기대가 분산되지만, 외동아이는 그 기대와 관심을 홀로 떠안게 되기 쉽다. 부모가 이루지 못한 꿈을 아이가 대신 이뤄주길 바라기도 하고, 아이의 사회적 성공과 인정을 부모 자신의 성공으로 여기며 아이에게 '더 잘하고 더 유능하며, 더 멋지기'를 기대한다. 그리고 이러한 기대를 충족시키기 위해 부모는 무리해서라도 아이에게 최상의 교육과 환경을 제공하며 끊임없이 "너를 위해서", "네가 이걸 해내면"이라는 말로 동기 유발을 시키기도 한다. 하지만 이렇게 부모의 기대가 지나치면 아이는 부담감을 느끼게 된다. 부모가 세운 높은 기준을 달성하기 위해 끊임없이 노력해야 하고 실패에 대한 두려움이 커진다. 아이의 스트레스는 커져만 가고 스트레스가 감당하기 어려운 수준에 이르면 아이들은 모든 것을 놓아버린다.

자식이 잘하고 잘되기를 바라는 부모의 욕심 자체가 잘못된 것은 아니다. 하지만 아이가 부담을 느끼지 않을 정도로 기대치를 현실적으로 조정해야 한다. 만일 진영이 부모가 전교 10위권을 꾸준히 유지하는 것을 목표로 정하고, 그러한 기대를 전했다면 진영이가 지금 계곡유원지에서 닭볶음탕을 나를 일은 없었을 것이다.

자꾸만 부풀어 오르는 아이에 대한 기대를 현실적으로 조정하기 위해 부모는 스스로에게 다음과 같은 질문을 던져볼 필요가 있다.

1) 이것은 나를 위한 것인가? 아니면 아이가 원하는 것인가?

부모는 아이를 위해서라고 주장하지만 때론 아이가 아닌 부모 자신을 위한 일일 수도 있다. 부모의 불안이나 부모가 이루지 못한 꿈 때문에 아이에게 높은 기대를 갖는 경우가 종종 있다. '나는 왜 아이에게 기대하는 걸까?' 스스로 질문하며 기대의 근본 원인을 찾아보는 시간을 갖도록 한다.

2) '우리 아이는 이 정도는 해야 해'라는 기준을 갖고 있는가?

현재 아이의 능력이나 특성을 무시한 채 부모가 설정한 기준을 따르는 게 당연하다고 생각하는 부모들도 있다. 지나친 목표 설정은 아이에게 부담감과 좌절감을 줄 뿐 아니라 동기를 떨어뜨린다. '우리 아이는 무조건 전교 1등을 해야 해'라는 생각 대신 '우리 아이가 지금보다 조금 더 잘할 수 있도록 돕는 것이 중요해'라고 생각해보자. 높은 기준을 갖고 있는 부모들은 "~해야만 해", "꼭", "반드시", "무조건", "절대"와 같은 단어를 자주 사용하는 경향이 있다. 이런 말을 하지 않도록 주의하는 것도 필요하다.

3) 성공의 기준을 좁게 생각하고 있는 것은 아닌가?

성공이 반드시 학업성취나 사회적 지위만으로 결정되는 것은 아니다. 스카이로 불리는 대학과 유명 대기업에 다니는 사람은 전체 인구의 소수일 뿐이다. 만일 성공을 이들에게만 한정짓는다면 대부분의 사람은 실패한 인생이라 할 수 있다. 비록 좋은 대학을 나오지 못했더라도 존경받고 성공적인 삶을 살고 있는 사람들은 아주 많다. 자신의 일에 열정을 갖고 만족하며 최선을 다한다면 그것이 바로 성공한 삶인 것이다. 성공의 기준을 좀 더 넓게 보며 성공의 정의를 다양하게 설정하는 것이 필요하다.

4) 내가 원하는 것과 아이가 원하는 것이 같은가?

아이와 부모는 엄연히 다른 존재이다. 닮았어도 개성과 취향은 다 다르다. 공부하는 태도만 해도 부모는 조용한 곳에서 공부가 잘되지만 아이는 음악을 들을 때 오히려 집중이 잘될 수 있다. 따라서 부모는 자신의 경험과 가치관을 준거로 삼는 오류를 범하지 말아야 한다. 만일 '나는 이렇게 해서 성공했어. 그러니 우리 아이도 똑같이 하면 될 거야'라는 생각을 했다면 이렇게 바꿔 생각해보자. '내 아이는 나와 달라. 자기만의 개성과 재능을 가진 사람이지. 그 아이에게 맞는 길을 함께 찾는 게 나의 역할이야.'

5) 아이와 충분히 대화했는가?

어떤 일을 잘해내기 위해서는 분명한 목표와 계획을 세우는 게 도움이 된다. 하지만 이러한 목표는 부모의 기대가 아닌 아이의 의지를 반영한 것이어야 한다. 부모가 일방적으로 목표를 제시하는 것이 아니라 아이와 대화를 통해 목표를 세우는 것이 중요하다. 이를 통해 아이에게 부담이 되지 않는 선에서 목표를 정할 수 있다. 아이의 의견을 묻지만 이를 존중하지 않는 부모들이 허다하다. 아이가 "힘들어. 그건 너무 많아!"라고 하면 "세상에 쉬운 일이 어디 있어? 이것도 안 하면 어떡하려고 그래?"라며 아이 입을 막아버린다. 이렇게 되면 아이는 자포자기 해버리고 아무것도 하지 않을 수 있다. 진솔한 대화를 통해 아이의 진짜 감정과 생각을 알고 이에 따라 부모의 기대 수준도 조절하도록 애써야 한다.

완벽주의를
요구하지 않기

외동아이는 부모의 기대를 혼자 감당해야 하는 경우가 많아서 완벽주의 성향을 갖게 되기 쉽다. 형제자매가 있는 아이들은 부담을 나누거나 비교 대상이 분산되지만 외동아이는 부모의 기대와 주목을 온전히 받는다. 특히 부모가 교육과 성취에 높은 기대치를 갖거나 실수에 대해 엄격한 태도를 보이게 되면 외동아이는 완벽하게 해내야 한다는 압박감을 느끼며 완벽주의자가 될 가능성이 높다. 부모가 대놓고 잘하라고 요구하거나 못했다고 야단을 치지는 않지만, 아이의 성공에는 매우 기뻐하고 실패에는 울적해하는 등 감정이 극명히 갈리는 것을 보았을 때도 아이들은 부모를 기쁘게 하기 위해 완벽하려고 애쓴다. 특히 감정이 섬세하고 부모와 정서적으로 밀착된 외동아이에게서 이러한 모습들이 나타나기 쉽다.

완벽주의는 성공의 공식으로 여겨질 수 있지만 사실 완벽주의는 실패에 대한 두려움, 불안, 자기비난, 과도한 스트레스와 같은 부정적인 측면들이 더 많다. 우리의 사랑하는 외동아이가 완벽주의로 인해 힘들지 않도록 부모는 아이를 대하는 태도에 다음과 같이 주의를 기울일 필요가 있다.

1) 부담을 주는 칭찬하지 않기

"너는 특별한 아이야!", "최고야!", "못하는 게 없어!", "넌 우리 집의 자랑이야!"와 같은 말을 자주 들으면 아이는 부모의 기대에 부응해야 한다는 생각에 완벽해지려고 애쓸 수 있다. 또한 부모가 아이를 "완벽해", "넌 뭐든지 잘할 거야"처럼 지나치게 이상적으로 평가하면 아이는 실수하거나 부족한 모습을 보일 때 불안감을 느끼고 완벽하지 않으면 인정받을 수 없을 것이라고 생각할 수 있다.

2) 실수에 대한 부정적인 반응 삼가기

완벽주의는 실수를 용납하지 않는 태도에서 비롯되는 경우가 많기 때문에 외동 부모는 아이의 실수에 대해 지나치게 지적

하고 비판하지 않아야 한다. "이렇게 하면 안 돼!", "이게 뭐야, 틀렸잖아", "다시 제대로 해봐"와 같이 사소한 실수까지 일일이 지적하고 야단치면 아이는 실수하면 안 된다는 생각에 완벽주의 성향이 강화될 수 있다. 반복되는 실수는 실수가 아니라 나쁜 버릇이기 때문에 고쳐주어야 하지만, 일회성의 실수나 아이도 분명히 인식하고 있는 실수라면 굳이 지적할 필요가 없다. "아! 깜빡했구나!", "실수했구나" 정도로만 말해주어도 충분하다.

3) 실수를 허용하기

외동아이 부모들은 아이가 힘든 일을 겪지 않도록 지나치게 보호하는 경우가 많아 외동아이가 실수할 여지도 주지 않으려 한다. 조금의 문제라도 생길 것 같으면 미리 나서서 해결하고 완벽한 결과를 제공해주는 부모를 둔 외동아이는 시행착오를 거쳐 자신의 힘으로 문제를 해결하는 경험은 하지 못한 채 완벽한 결과만을 기대할 수 있다. 실수는 누구나 하는 것이며, 배움의 기회이기도 한 점을 강조해 아이가 실수를 두려워하지 않게 해야 한다.

4) 비교와 경쟁 유도하지 않기

부모가 다른 아이들과 비교하며 "누구는 이렇게 잘하는데, 너도 더 잘해야지", "이번에는 걔 이겨야지!"라는 식의 말을 자주 하면 외동아이는 완벽해져야 한다는 압박을 받는다. 또한 다른 아이들을 경쟁자로 여기며 늘 이기고 최고가 되어야 한다는 강박을 가질 수 있다. "1등", "최고", "이겼어!", "누구누구보다", "제일 잘했어"와 같은 표현은 주의 깊게 사용해야 한다.

5) 결과보다 과정에 집중하기

완벽한 결과보다 과정에서 배우는 것의 중요성을 강조하는 부모를 둔 아이는 완벽주의자가 되지 않는다. 부모가 결과와 상관없이 아이가 노력한 과정 자체를 가치 있게 말해주며, 실수에 대한 비난 대신 실수를 통해 배운 점에 대해 아이와 이야기를 나눌 때 아이는 실수를 두려워하지 않고 성장을 위해 노력하는 아이가 된다. 또한 부모가 "잘해야지, 빨리 해야지, 정확하게 해야지"라고 말하는 대신 "어떻게 하면 더 재미있게 할 수 있을까?", "어떤 점이 제일 재미있어?"처럼 결과보다 과정 자체를 즐길 수 있도록 유도한다. 그러면 아이는 결과에 대한 부담 없이 활동에 보다 자연스럽게 몰입하고 성장할 수 있게 된다.

완벽한 부모가 되려고
하지 않기

부모 역할과 관련해 내가 가장 좋아하는 말은 'Good Enough Parent', 즉 '충분히 좋은 부모'이다. 이는 영국의 정신분석 전문가 도널드 위니컷Donald Winnicott이 제안한 개념으로 아이에게 꼭 필요한 만큼의 애정과 돌봄을 주되, 완벽하려 애쓰지 않는 부모가 오히려 아이의 건강한 정서발달에 도움이 된다는 것을 강조한다. 위니컷은 부모가 아이의 모든 욕구를 완벽히 충족시키는 것이 아니라, 어느 정도의 좌절도 경험하게 하면서 점차 현실에 적응할 수 있도록 돕는 것이 중요하다고 보았다. 즉, 완벽한 부모가 아니라 실수도 하고 부족함도 있는, 그러나 아이에게 진심인 부모가 아이에게는 충분히 좋은 부모라는 것이다. 그동안 수많은 부모를 만난 경험으로 보았을 때 이 말은 정말 맞다. 부모가 완벽하려고 애쓰면 애쓸수록 부모와 아이 모두 힘들어지는 모습을 그동안 수없이 보아왔다. 좋은 부모가 되고자 하는 그들의 기대와 노력과는 달리 부모와 자녀 대부분은 까칠하거나 불안하거나 우울한 모습을 보이곤 했다.

다섯 살 웅이와 웅이 엄마도 그랬다. 아이가 신경질을 자주 낸다는 이유로 상담센터를 찾은 엄마는 자리에 앉자마자 에코백에서 아이와 관련된 자료들을 꺼내기 시작했다. 수유 시간, 수유량, 배변 활동, 수면 시간 등 아이의 하루 일과가 빽빽하게 적힌 육아일기부터 어린이집 생활기록부, 아이가 그렸다는 그림, 그리고 아이의 문제 행동에 대한 엄마의 관찰 기록지 등이었다. 어떻게 이런 것들을 버리지 않고 다 모아두었을까 눈이 휘둥그레질 정도였다. 또한 엄마는 그동안 웅이를 위해 얼마나 열심히 노력했는지에 대해 토로했다. 모유 수유가 좋다는 생각에 모유가 잘 나오지 않는데도 어떻게든 모유를 먹이려다가 젖꼭지가 다 헐었다거나 수유량을 채우려다 보니 하루에 10시간 넘게 젖을 물리고 있어야 할 때도 있었다는 이야기가 기억에 남는다. 어릴 적에는 배부르게 먹어야 하는데 나오지도 않는 엄마 젖을 빠느라 짜증이 났을 웅이와 이렇게까지 애쓰느라 지쳤을 엄마를 생각하니 왜 그토록 웅이가 신경질적이 되었는지, 그리고 엄마의 표정이 왜 어둡고 우울해 보였는지 알 것 같았다.

　외동 부모는 아이를 위해 완벽한 부모가 되려는 다짐이 더욱 강하다. 자신의 삶에서 유일한 아이가 훌륭하게 성장할 수 있도록 철저하게 계획하고 준비한다. 하지만 부모도 인간이라는 점을 잊으면 안 된다. 인간이라면 누구나 실수를 한다. 잘하고자 애써도 실패할 때가 있으며, 아무리 근사한 계획을 세웠더라도 늘 그 계획대로 일이 이루어지지 않는다는 건 우리 모두 알고 있다. 그러니 항상 잘해내야만 한다는 생각은 내려놓자. 가끔은 실수할 수 있고, 틀릴 수도 있다는 것을 받아들이자. "나는 좋은 부모가 되어야만 해"라는 생각은 "나는 좋은 부모가 되기 위해 노력할 거야", 혹은 "나는 충분히 좋은 부모야"로, "아이를 위해 모든 걸 완벽하게 해줘야 해"는 "부모도 실수할 수 있어. 나도 부모는 처음이잖아. 나도 배우는 중이야"로 바꾸는 연습을 하는 것도 필요하다. 실수나 실패로 모든 걸 망쳤다고도 생각하지 말자. '인생은 새옹지마'라는 말이 괜히 나온 게 아니다. 좋고 나쁨은 그리 쉽게 예측할 수 있는 일도 아니어서 일희일비할 필요는 없다. "그럴 수도 있지 뭐", "다음엔 잘될 거야", "괜찮아"와 같이 낙천적인 말이나 "충분히 잘하고 있어", "열심히 한 거야", "노력한 것만으로도 충분히 가치 있어"와 같이 스스로를 격려하는 말을 입 밖으로 꺼내는 것도 좋다. 하루 종일 아이 생각만 한다고 해서 육아가 잘되는 것도 아니다. 기계도 잘 돌아가려면 쉬어줘야 하고 에너지도 충전시켜줘야 하는 것처럼 부모에게도 휴식과 자기 자신을 돌볼 시간을 갖는 것은 중요하다. 아이가 어린이집이나 학교에 가 있는 동안 독서, 운동, 명상 등의 취미 활동을 하거나 커피 한 잔하며 부모가 즐겁고 평안할 수 있는 시간들을 규칙적으로 가져보자. 이렇게 아이와 함께 자신을 돌볼 때 '충분히 좋은 부모'가 될 수 있으며, 부모가 자신을 돌볼 때 아이도 부모를 통해 스스로를 돌보는 방법을 배울 수 있다.

아이를 부모의 미니미로
만들지 않기

"난 이 스타일이 진짜 싫은데, 엄마는 이게 예쁘다고 늘 이렇게 머리를 꽉 묶어줘요." 지윤이는 상담실에 들어오자마자 엄마가 묶어준 머리를 풀며 불만 가득 찬 목소리로 말했다. 하긴 이제 초등학교 3학년이면 자기 스타일로 꾸미고 싶을 나이다. 하지만 지윤이는 옷도, 헤어스타일도 자기 마음대로 할 수 없었다. 이에 대한 선택권은 전적으로 엄마에게 있었다. 그러고 보니 지윤이와 엄마를 처음 만난 날, 둘이 똑같은 옷을 입고 왔던 게 생각났다. 이것도 필시 엄마의 선택이었을 것이다. 엄마가 지윤이를 상담에 데려온 것도 언제부터인가 엄마의 말을 순순히 따르지 않는다는 이유에서였다. 하지만 지윤이는 제 나이대로 잘 성장하고 있었다. 문제는 하나뿐인 딸, 지윤이를 독립적인 존재로 보지 않는 엄마에게 있었다. 상담은 아이가 아닌 엄마에게 필요해 보였다.

지윤이 엄마처럼 어떤 외동 부모는 자녀를 독립적인 존재로 보지 않고 자신의 연장선이나 복제판처럼 여기며 자신의 뜻에 맞는 아이로 만들려고 한다. 이런 부모들은 아이의 생각은 묻지도 않고 "넌 의사가 되어야 해"라고 하거나, 그림 그리는 것을 좋아하는 아이에게 "넌 살이 쪘으니까 그림 말고 운동을 해야 해", 아이가 고른 옷을 내려놓고 엄마가 고른 옷을 내밀며 "아냐, 그건 별로야. 이 옷이 너랑 더 잘 어울려"라며 아이의 진로나 취미 생활, 그리고 취향까지 아이 대신 정할 때가 많다. 심지어 "아니, 그런 애 말고, 얘랑 친구 해"라며 친구까지 결정해주는 경우도 있다.

이런 부모들 중 상당수는 자신이 이루지 못한 꿈을 자녀를 통해 이루고자 하는 마음을 갖고 있다. 지윤이 엄마가 지윤이의 스타일에 그토록 신경을 쓰는 이유도 어릴 적 늘 언니들 옷을 물려 입어야 했던 서러움 때문이었다. 지윤이 엄마는 어릴 때부터 결혼하면 아이는 하나만 낳아 예쁘게 꾸미며 키우는 게 꿈이었다고 했다. 아이의 하루 일과를 온통 학원수업으로 채워놓은 유진이 엄마도 아이에게 자주 이렇게 말하곤 했다. "엄마는 공부를 제대로 못 한 게 가장 후회돼. 그러니 넌 무조건 좋은 대학에 가야 해.”

부모들의 이런 행동은 겉으로는 아이를 위한 것으로 보이지만 실은 자녀를 통해 대리 만족을 얻으려는 것과 같다. 그래서 아이가 부모의 뜻을 따르지 않거나 충족시켜주지 못할 때 비난하며 자존감을 떨어뜨리고 실망감을 여과 없이 표현해 아이가 죄책감을 느끼게 한다. “사람들한테 물어봐. 지금 네가 고른 옷이 얼마나 촌스러운지. 그리고 너 옷 세련되게 입는다는 말 많이 들었지? 그건 다 엄마가 예쁜 옷을 골라줬기 때문이야. 엄마 말 들어”, “미술을 하겠다고? 유명한 화가가 되는 일이 얼마나 어려운지 알기나 해? 네가 뭘 몰라서 그런 생각을 하는 거야. 그림은 그냥 취미로만 해. 그림 잘 그리는 의사, 그거 멋지네”처럼 아이의 개성을 무시하는 말부터 “우리가 널 위해서 그동안 얼마나 많은 희생을 해왔는지 너도 알잖아. 그런데 어떻게 이럴 수가 있니?”, “설마 부모를 실망시킬 거야?”와 같이 대놓고 불만을 표현하기도 한다. 이런 양육 태도는 아이의 개성과 창의성을 말살하고 죄책감과 반항심을 높인다는 점에서 위험하다.

아이는 부모의 것이 아니다. 칼릴 지브란Kahlil Gibran의 『예언자』 중 「자녀에 대하여 on children」는 그런 점에서 우리에게 깊은 통찰을 준다.

너희 아이들은 너희 아이들이 아니다.

그들은 스스로의 길을 가는 생명의 아들딸이다.

그들은 너희를 통해 왔으나, 너희에게서 온 것은 아니다. 그리고 비록 너희와 함께 있지만, 너희의 것은 아니다.

너희는 그들에게 너희 사랑을 줄 수 있으나, 너희 생각을 줄 수는 없다. 그들에게는 그들만의 생각이 있기 때문이다.

너희는 그들의 몸을 집처럼 가둘 수 있으나, 그들의 영혼까지 가둘 수는 없다.

그들의 영혼은 내일의 집에 거하나니, 너희는 그곳을 꿈속에서조차 방문할 수 없다.

너희는 그들처럼 되려고 노력할 수 있으나, 그들을 너희처럼 만들려 해서는 안 된다.

생명은 뒤로 가지 않으며, 어제에 머물지도 않기 때문이다.

너희는 활이고, 너희 아이들은 살아 있는 화살처럼 앞으로 나아가려 한다.

궁수는 무한한 길 위에서 목표를 바라보며, 그의 힘으로 너희를 휘어 화살을 먼 곳으로 날려 보낸다.

그의 손에 휘어지는 것을 기뻐하라.

그가 날리는 화살은 멀리가기를 원하지만, 그 손에 쥔 활 또한 그를

신뢰하기 때문이다.

"너희는 활이고, 너희 아이들은 화살이다"라는 비유처럼 부모는 자녀를 날려 보내는 도구일 뿐 그들이 가야 할 길을 대신 정해주는 존재가 아니다. 아이를 사랑해서 간섭하는 것이라고 말한다면 진정한 사랑이란 소유와 간섭이 아니라 자유와 존중이라고 말해주고 싶다. 만일 아이에게 바라는 것이 많다면 한 번쯤은 진지하게 생각해봐야 한다. 혹시 내가 못 이룬 꿈을 아이가 이뤄주기를 바라고 있는 건 아닌지.

좋은 부모가 되려면 먼저
좋은 부부가 되어야 한다

　아이를 잘 키우기 위해 가장 중요한 요인은 바로 좋은 부부 관계이다. 부부는 서로 사랑하는 사이이자 육아를 함께하는 동지로, 육아를 하면서 발생하는 스트레스와 어려움을 서로 줄여주는 역할을 한다. 그런데 아이를 낳고 사이가 소원해졌다는 부부들이 제법 있다. 아이가 생기면서 모든 관심이 아이에게만 집중되고 가정이 아이 중심이 되어버린 탓이 가장 크다. 물론 아이가 어릴 적에는 전적으로 생존을 부모에게 의지하기 때문에 눈을 뗄 수 없을 정도로 아이에게 집중할 수밖에 없지만 아이가 어느 정도 컸는데도 부부간의 소통은 적고 아이에게만 신경을 쓰게 되면 부부 사이는 멀어질 수밖에 없다. 또 모든 것들을 아이 위주로 맞추다 보니 부모의 욕구는 채워지지 못할 때가 많아 부부간의 갈등이 높아지게 된다.

부부 갈등은 말할 필요도 없이 아이들에게 부정적인 영향을 끼친다. 특히, 외동의 경우에는 더욱 문제가 되는데, 외동아이는 형제자매가 없기 때문에 부모에 대한 심리적·정서적 의존이 높기 때문이다. 부모는 가정 분위기를 좌우하는 존재로 사이가 좋은 부모는 가정을 안정적인 장소로 만들어준다. 가정이 주는 안정감은 아이에게 편안함과 자신감을 주며, 아이는 부모가 서로를 대하는 방식을 보며 건강한 인간관계를 맺는 법을 배우게 된다. 반면 부모가 자주 다투면 외동아이는 부모의 갈등과 스트레스를 고스란히 전달받는다. 부모 갈등의 범퍼 역할을 해줄 형제자매가 없기에 외동아이는 갈등에 그대로 노출되어 심리적으로 매우 불안정해질 수밖에 없다. 또한 외동아이는 형제자매와 갈등을 조정하는 경험이 없기 때문에 갈등 해결 방법을 주로 부모를 통해 배우게 된다. 만일 부모가 고성과 냉전, 물리적 폭력으로 문제를 처리하게 되면 아이 역시 갈등이 생겼을 때 공격적이거나 회피하는 방식으로 대처할 가능성이 높다.

아무리 좋은 부부 사이라도 갈등이 없을 수는 없다. 분명히 갈등이 존재하는데 아이 앞에서 없는 척하는 것도 우스운 일이다. 인간관계에서 갈등은 필연적이기 때문에 부모가 아이에게 알려줘야 하는 것은 갈등 없이 사는 것이 아니라(이건 불가능한 일이다) 갈등을 해결하는 올바른 방식을 알려주는 것이다. 물론 아이가 알면 좋지 않은 일들은 아이가 모르게 하는 게 좋지만, 그렇지 않은 문제는 부모가 어떻게 감정을 조절하고 서로의 의견을 존중하면서 대화를 통해 문제를 해결하는지 보여주는 게 좋다.

아이에 대한 지나친 관심이나 과잉기대, 의존은 불행한 결혼생활의 결과일 때도 매우 많다. "엄마에겐 너밖에 없어. 넌 엄마의 전부야", "엄마한텐 너만 있으면 돼. 다른 사람은 필요 없어", "너 때문에 아빠랑 사는 거야", "이리 와서 엄마 좀 안아줘. 엄마가 오늘 아빠 때문에 힘들었어"라는 말을 자주 하는 부모는 배우자와의 관계에서 발생한 감정적 공백을 아이에게 채우려는 부모이다. 이런 부모를 둔 아이는 자신이 부모의 감정을 돌봐야 한다는 책임감에 부담을 크게 느끼게 되어 독립적인 존재로 성장하지 못하게 된다.

만일 온통 머릿속이 아이에 대한 생각으로만 꽉 차 있다면 배우자와의 관계를 돌아보길 권한다. 부부관계에 문제가 있다면 이를 최우선으로 해결하려고 애써야 한다. 배우자와의 불편한 관계를 무시하며 아이를 잘 키울 수 있는 사람은 아무도 없다. 정신건강의학과나 상담기관에서 부부 상담을 받는 것이 도움이 된다. 지역사회의 가족센터나 건강가정지원센터, 정신건강복지센터에서도 저렴한 비용으로 상담 서비스를 받을 수 있다.

자녀에게 애정과 헌신을 아끼지 않는 것은 부모의 당연한 책무이지만, 아이와의 관계 못지않게 부부 관계도 중요하다는 사실을 잊지 말자. 부부는 모든 가족 관계의 중심이다. 이 중심이 흔들리지 않게 서로에 대한 관심과 배려, 사랑을 나누어야 한다. 육아와 관련된 일에 대해서도 의견을 나누고 함께 참여해야 하며, 부부만의 시간을 가지며 사랑과 유대감의 깊이를 더하는 것도 필요하다. 아이들은 참 빠르게 성장한다. 자녀가 성장하여 독립하면 남는 것은 부부뿐이다. 아이가 떠난 빈 둥지에서 외로움에 떨지 않으려면 부부 중심의 관계를 잘 유지해야 한다. 그래야 우리의 노후 생활도 좀 더 행복하고 편안해질 수 있다.

아이의 독립
받아들이기

어느 날 상담센터로 20대 여성이 찾아왔다. 엄마와의 갈등이 점점 심각해져서 고민이라는 이 여성은 "엄마는 아직도 제가 아기인 줄 아나 봐요. 제가 독립하는 걸 원치 않는 것 같아요"라고 말하며 크게 한숨을 내쉬었다. 엄마와의 사이가 멀어지기 시작한 것은 사춘기가 시작되면서였다고 했다. 어릴 적에는 엄마와 사이가 무척 좋았다. 외동딸로 엄마의 사랑과 돌봄을 독차지했고, 무엇을 하든 늘 엄마와 함께였다. 엄마는 자신을 꼭 안아주며 "너무 너무 귀여워. 안 컸으면 좋겠다. 늘 이대로면 얼마나 좋을까?"라고 말하곤 했는데 그땐 그게 참 좋았다고 했다. 하지만 초등학교 5, 6학년이 되면서 조금씩 엄마와의 사이에 균열이 생기고 다투는 일이 잦아졌다. 주말에 엄마와 백화점에 가는 것보다 친구와 노는 게 더 좋았고, 친구 없이 가족끼리만 하는 여행은 재미가 없었다. 친구들에게 쪼르르 달려가는 자신을 보며 엄마는 "품 안의 자식이라는 말이 맞네. 어릴 땐 엄마 없이 못 산다더니 좀 컸다고 이제는 엄마 따위는 필요 없나 봐"라며 서운함을 드러냈다. 고등학생 때 처음으로 남자친구를 사귀면서 엄마와의 갈등은 더욱 심해졌고, 대학생인 지금도 엄마와의 다툼은 연애 때문일 때가 많다. 남자친구가 있을 때와 없을 때 엄마가 자신을 대하는 태도가 다르다고도 했다. 남자친구가 있을 때는 귀가 시간, 용돈 등을 깐깐하게 간섭했다면, 남자친구와 헤어지면 백화점에 가서 옷과 맛있는 음식을 사주며 살뜰히 보살펴주곤 했다. 엄마의 태도에 이 여성은 엄마가 정말 자신이 크지 않기를 바라는 것 같다는 생각이 들었다며, "시집도 못 가고, 평생 엄마 옆에 살아야 될지도 모르겠어요"라며 쓸쓸하게 웃었다.

이 정도는 아니지만 주변 지인들이나 상담센터에서 만난 부모들 중에서도 아이가 부모 품을 떠나는 것에 아쉬움을 토로하는 경우가 적지 않다. 외동아이를 둔 부모라면 더욱 그렇다. 부모의 관심과 돌봄이 한 아이에게만 집중되면서 서로에 대한 심리적 밀착과 의존이 강하기 때문이다. "난 엄마랑 죽을 때까지 같이 살 거야", "난 커서 아빠랑 결혼할 거야"라는 아이의 말을 믿지 않는다면서도 마음속으로는 아이와 평생을 함께할 수 있을지도 모른다는 일말의 기대를 갖는다. 그런데 이런 아이가 사춘기가 되면서 부모보다 친구의 말에 더 귀 기울이고 함께하기를 원한다. 이렇게 부모가 뒷전으로 밀려난다고 느낄 때 부모는 배신감이 들 수도 있다. '나는 아이를 아직도 이렇게 사랑하는데, 저 아이는 그렇지 않은가?'라는 의구심이 들기도 할 것이다. 하지만 아이의 사랑을 의심하지 말자. 부모가 아이를 사랑하는 만큼 여전히 아이도 부모를 사랑한다. 다만 아이는 지금 자신의 성장 발달을 위해 집중해야 할 대상이 부모가 아닌 또래일 뿐이다. 정체성을 확립하고 독립적인 존재로 살아가기 위해서는 더 이상 부모의 품 안에 머물러 있으면 안 된다는 것을 본능적으로 알아서 부모에게서 벗어나려고 할 뿐이다.

만일 부모가 아이를 자꾸 붙잡게 되면 더욱 강하게 반항하거나, 독립을 아예 포기해 미숙한 아이로 남게 된다. 아이가 자율적이고 독립적인 존재로 성장하게 되면 그때 아이는 비로소 부모를 돌아본다. 그리고 자신을 위해 아낌없는 사랑을 주고 묵묵히 곁에 있어준 부모에게 고마움을 느끼며 이제는 자신보다 약한 존재가 된 부모를 사랑하고 돌보려 한다. 이처럼 아이가 성공적으로 독립했을 때 부모 자녀 관계는 더욱 돈독해진다. 그러니 아이가 독립하는 것을 두려워하거나 섭섭해하지 말자. 내 품 안에서 보호받고 힘을 키운 아이가 세상을 향해 힘차게 날아갈 때 큰 박수를 쳐주고, 세상 속에서 살아갈 수 있도록 잘 키운 자신을 칭찬해 주자. "잘했어. 아주 잘했어! 난 충분히 좋은 부모야!"라고 자신 있게 말해도 된다.

딸아이가 어릴 적에 잠자리에서 자주 읽어주던 동화가 있다. 로버트 먼치 글, 안토니 루이스 그림의 『언제까지나 너를 사랑해』라는 그림동화인데, 이 책이 은근히 사람을 울컥하게 만든다. 이 책에 등장하는 어머니가 아이에게 자장가로 늘 불러주던 노래가 있다. "너를 사랑해 언제까지나. 너를 사랑해 어떤 일이 닥쳐도. 내가 살아 있는 한 너는 늘 귀여운 아기"로 시작하는 노래인데 나도 딸아이에게 불러주며, 아이를 사랑하며 아이의 성장을 잘 받아들이는 엄마가 되겠다고 마음속으로 다짐하곤 했다. 이 동화책은 장성한 아들이 이제 노인이 된 잠든 어머니를 안고 "사랑해요 어머니, 언제까지나. 사랑해요 어머니, 어떤 일이 닥쳐도, 내가 살아 있는 한 당신은 늘 나의 어머니"라고 자장가를 부른 후, 자신의 어린 딸에게도 같은 자장가를 불러주는 것으로 끝이 난다. 이렇게 부모의 사랑은 잊히지 않고 자식과 또 그 자식들에게 전해진다. 아이가 다 큰 것 같아 살짝 아쉬움이 들 때, 이 책을 읽으며 마음을 다스리는 시간을 갖는 것도 좋겠다.

"모성애가 점점 사라지는 것 같아요"라며 자책하는 엄마들

아기를 처음 품에 안았을 때, 그 작은 존재가 내 삶을 다 바꿔 놓을 줄 몰랐다고 말하는 엄마들을 어렵지 않게 만날 수 있다. 나 역시 딸아이가 어릴 적 스스로에게 "아니, 내가 이토록 이타적인 사람이었다니!"라며 감탄하곤 했다. 아이를 위해서라면 죽을 수도 있다고 진짜로 생각했던 시절이었으니까. 어떻게 이렇게 작고 여린 생명을 이렇게까지 사랑할 수 있는지 놀라웠고, 하루 종일 아이만 보고 있어도 지겹지 않았다. 그런데, 언제부터인가 그 마음이 달라졌다는 걸 우리는 조심스레 인정하지 않을 수 없다.

“아이를 미워하게 될 줄은 몰랐어요.”

“아이가 어린이집을 안 가려 하면 너무 짜증이 나요. 그러면 아이랑 하루 종일 집에 있어야 하잖아요.”

“아이가 없을 때 오히려 기분이 좋아요.”

“처음엔 아이를 위해 뭐든지 다 해줄 것 같았는데, 지금은 뭘 해달라고 하면 왜 그리 짜증이 나는지.”

이런 고백과 함께 많은 엄마들은 “내가 모성애가 부족한 것 같아요”, “엄마로서 자격이 없는 것 같아요”라고 말하며 자책하곤 한다. 하지만 이런 감정은 결코 비정상이 아니며, 오히려 정상적인 생각과 마음의 흐름이다.

뇌과학자들의 연구에 따르면, 여성은 임신과 출산을 통해 실제로 뇌 구조가 변한다. 자기중심성과 관련된 뇌 부위는 활동이 줄고, 돌봄, 감정 반응, 공감과 관련된 뇌 부위는 더 활발하게 작동된다. 놀랍게도 이런 뇌 변화는 사랑에 빠졌을 때나 중독 상태일 때와 매우 유사하다. 이 때문에 엄마는 일시적으로 아기와 사랑에 빠진 중독의 상태가 된다. 그런데, 이 ‘사랑에 빠진 뇌’는 영원하지 않다. 사랑도 시간이 지나면 감정의 농도가 줄고, 점차 원래의 뇌로 균형을 회복하는 것처럼 엄마의 뇌 역시 시간이 지나면서 돌봄의 본능이 조금씩 줄어든다. 대개 출산 후 2년이 지나면 엄마의 뇌는 서서히 본래의 균형을 회복하려는 움직임을 보인다.

놀라운 건 이 시기가 아이의 심리적 발달과도 맞물린다는 점인데, 바로 아이의 '분리개별화 과정'이 시작되는 시기다. 이 과정은 아이가 '엄마와 나는 다른 사람'이라는 것을 인식하고, 자기만의 의지와 정체성을 갖기 위해 독립을 시도하는 아주 중요한 단계이다. 즉, 엄마가 아이에게서 조금씩 마음을 떼기 시작하는 그 순간, 아이도 혼자 서 보려는 준비를 하고 있다. 이 시기에 엄마가 '미안해서', '죄책감이 들어서' 아이 곁에 계속 붙어 있으려 하거나, 더 잘해주려고 끊임없이 개입하면 오히려 아이의 자율성과 자기감정 조절력을 방해할 수 있다.

가끔 아이가 밉게 느껴지더라도, 혼자 살고 싶다는 생각이 스치더라도 그 마음 때문에 너무 자책할 필요는 없다. 그건 엄마로서 부족하거나 모성애가 없는 사람이라서가 아니라, 한 사람으로서 당연히 느낄 수 있는 감정이다. 모성애는 고정된 덕목이 아니다. 모성애는 늘 일정한 게 아니라 물처럼 흘러가며 형태를 바꾸는 감정임을 기억하자. 뜨거웠다가 미지근해지기도 하고, 때로는 증발하듯 사라지는 것처럼 느껴지기도 한다. 그러나 대부분의 시간은 결국 아이를 사랑하고, 함께 있고 싶고, 함께 웃고 싶다는 것을 우리는 안다. 잠시 스쳐 지나가는 미움이나 짜증, 육아를 내팽개치고 싶다는 감정이 들더라도 그 순간의 감정을 절대적인 것, 영구적인 것이라 착각하지 말자.

또한 그 감정은 몸과 마음이 보내는 회복의 신호이다. 지금, 나를 위한 시간이 필요하다는 아주 정직한 메시지라고 알아채자. 아이를 위해서라면 밥도 거르고, 잠도 미루고, 감정도 눌러온 시간이 많았다. 하지만 지속 가능한 돌봄을 위해서는 엄마 자신이 회복되는 시간이 반드시 필요하다. 다시 사랑하고, 다시 웃고, 다시 품을 수 있는 힘은 휴식에서 온다. 그러니 죄책감은 잠시 내려두자. 내가 무너지는 걸 허락하는 것이 아니라, 다시 설 수 있는 시간을 허락하자. 쉬어야 다시 품을 수 있다. 지금은 나를 돌볼 차례이다.

엄마도 숨 쉴 시간이
필요하다

외동아이를 키우는 부모는 종종, 한 명의 아이에게 온 우주를 쏟아붓는 듯한 감정을 경험한다. 엄마이자 친구이자 놀이 상대이자 감정 조절자이자 삶의 동반자인 것이다. 역할이 겹치고, 쉴 틈이 없다. 그래서 더 자주, 더 깊이 지친다. '나 말고는 이 아이 곁에 아무도 없다'는 생각은 외동아이 엄마를 더 강하게 만들기도 하지만 숨 막히게 만들기도 한다. 하지만 아무리 사랑해도, 지치면 품을 수 없다. 지속 가능한 돌봄을 위해서는 엄마 자신이 회복되는 시간이 필요하다. 따라서 외동아이에게 모든 것을 주고자 한다면 먼저 내 안의 나를 돌보는 일이 선행되어야 한다.

1) 자기 연민self-compassion: 나에게도 따뜻한 시선을!

자기 연민은 '지금 힘든 나를 이해해주는 마음'에서 시작된다.

"내가 이렇게 힘든 이유가 있다."

"다른 엄마들도 이런 순간을 겪고 있을 거야."

"나는 이만큼 잘하고 있어."

이런 말들은 마음속에 작은 휴식처가 되어준다. 실수를 용납하지 않는 완벽한 부모보다 실수해도 나를 다정하게 바라볼 줄 아는 부모가 더 건강하다.

2) 자기 대화: 내면의 목소리 바꾸기

자신에게 거는 말은 아이에게 전해지는 말이기도 하다. 아래와 같은 자기 대화를 연습해보자.

"나는 좋은 엄마가 되려는 중이야. 완벽하지 않아도 괜찮아."

"지금 이 감정은 스쳐가는 것, 나를 알려주는 신호야."

"쉬어도 돼. 그래야 다시 아이를 사랑할 수 있어."

"나의 행복도 아이의 행복만큼 소중해."

이런 말들은 내 마음을 지켜주는 내면의 친구가 되어준다.

3) 작은 충전의 시간 만들기

회복은 거창할 필요 없다. 잠깐의 틈, 아주 사소한 것에서도 시작할 수 있다.

• 감각을 깨우는 것: 햇살 받으며 눈 감기, 좋아하는 향기 맡기, 따뜻한 차 한 잔

• 혼자 있는 시간 허락하기: 아이가 낮잠 잘 때 나만을 위한 30분

• 몸 쓰는 활동: 스트레칭, 천천히 걷기, 음악에 맞춰 몸 흔들기

• 작은 즐거움 허락하기: 책 한 장 읽기, 드라마 한 편 보기, 아무것도 하지 않고 고요함 즐기기

이런 활동은 '엄마'가 아닌 '나'로서의 정체성을 회복하게 해 준다. 다시 엄마가 되기 위해, 나는 가끔 '엄마가 아닌 나'로 돌아가야 한다.

4) 관계 안에서 회복하기

혼자서 모든 걸 감당하려 하지 않아도 된다. 함께 이야기할 친구, 짧은 외출을 허락해주는 배우자, 아이를 잠시 봐주는 가족이 있을 때 엄마는 아이를 다시 품을 힘을 얻는다.

"잠깐만 나갔다 올게."

"오늘은 나 대신 아이를 맡아줄 수 있을까?"

"나는 지금 나 자신을 돌보고 싶어."

이러한 작은 요청은 회복의 시작이 될 수 있다. 그리고 이 말들은 책임을 내려놓는 게 아니라, 책임을 더 오래 감당하기 위한 선택이다.

회복은 이기심이 아니라 사랑의 지속을 위한 기반이다. 그러

니 오늘, 일상에서 아주 작은 틈이라도 자신을 위한 시간을 선물
해보자.

자기 돌봄 리스트

외동아이 엄마는 자기 자신을 돌보는 일을 자주 뒤로 미루게 된다. 하지만 작은 돌봄도 반복되면 큰 회복이 된다. 아래의 리스트 중 마음이 끌리는 것부터 시도해보자.

★ 감각을 깨우는 돌봄
- 좋아하는 향수나 오일 향기 맡기
- 따뜻한 물에 손 담그기
- 햇빛 아래 앉아서 눈 감기
- 좋아하는 차 한 잔 마시기

★ 마음을 쉬게 하는 돌봄
- 아무것도 안 하고 소파에 앉아 있기
- 잠깐 눈 감고 깊게 숨 쉬기
- 휴대폰 내려놓고 10분 멍 때리기

• 나에게 다정한 말 한마디 써보기

★ 몸을 위한 돌봄
• 가볍게 스트레칭하거나 목, 어깨 돌리기
• 좋아하는 음악 틀고 몸 흔들기
• 느릿느릿 혼자 산책하기
• 반신욕 또는 따뜻한 샤워하기

★ 나를 위한 연결
• 친한 친구에게 톡 보내기
• 가족에게 "지금 나 좀 쉬고 싶어"라고 말해보기
• 아이 맡기고 1시간 나만의 외출 계획하기
• 마음 끌리는 책 한 장 읽기

tip

매일 한 가지씩만 해도 충분해요. '잘하는 것'보다 '내가 나를 챙기고 있다는 감각'이 더 중요해요.

회복 플래너는 하루 5분, 나의 감정과 필요를 짧게 점검하고, 회복을 위한 행동을 계획하는 도구이다. 잠들기 전이나 아이가 낮잠을 잘 때 3줄만 써보자. 쓰는 것만으로도 마음의 공간이 생기고 회복의 감각이 살아난다.

날짜	4월 6일
오늘 내 감정 한 단어	답답함
지금 내 몸은 어떤가요?	어깨가 무겁다.
지금 내 마음은 어떤가요?	지치고 혼자 있고 싶다.
오늘 나를 위한 작은 돌봄 하나	저녁에 따뜻한 차 마시기
나에게 건네는 다정한 한마디	괜찮아, 오늘도 잘하고 있어.

날짜	
오늘 내 감정 한 단어	
지금 내 몸은 어떤가요?	
지금 내 마음은 어떤가요?	
오늘 나를 위한 작은 돌봄 하나	
나에게 건네는 다정한 한마디	

tip

아침이나 자기 전, 하루 한 번 마음을 체크해보세요.
꼭 다 쓰지 않아도 괜찮아요. 단 한 줄이라도, 나를 돌아보는 순간이 회복의 시작입니다.
스티커를 붙이거나 그림을 그려도 돼요. 하지만 예쁘게 꾸미지 않아도, 솔직한 마음이면 충분해요.

외동아이는 거리두기 육아가 필요합니다

초판 1쇄 인쇄 2025년 12월 19일
초판 1쇄 발행 2026년 1월 14일

지은이 이보연
펴낸이 최순영

출판1 본부장 한수미
라이프 팀장 곽지희
편집 김소현
디자인 함지현

펴낸곳 ㈜위즈덤하우스 **출판등록** 2000년 5월 23일 제13-1071호
주소 서울특별시 마포구 양화로 19 합정오피스빌딩 17층
전화 02) 2179-5600 **홈페이지** www.wisdomhouse.co.kr

ⓒ 이보연, 2025

ISBN 979-11-7591-018-8 13590